ジャパニーズ・ウイスキーで世界に挑む

新世代蒸留所からの挑戦状

世界を席巻するジャパニーズ・ウイスキーの
秘密を知ることが、経済的に衰退しつつある
日本が再び成長し、世界に立ち向かうための
ヒントになることを祈って

すわべ しんいち

はじめに

『世界5大ウイスキー』をご存知だろうか？

世界で高い評価を受けている特に優れたウイスキーのことで、日本もその中のひとつに数えられている。

アイルランドの**アイリッシュ・ウイスキー**。〝ウイスキーの元祖〟とも言われ、古い歴史を持つ。

スコットランドの**スコッチ・ウイスキー**。日本でもよく知られているウイスキーの代表格だ。

アメリカの**アメリカン・ウイスキー**。ケンタッキー州を中心に造られているバーボンウイスキーが特に有名。

そして、カナダの**カナディアン・ウイスキー**に、日本の**ジャパニーズ・ウイスキー**と、これらが世界の5大ウイスキーと呼ばれている。

近年、ジャパニーズ・ウイスキーが世界中から

挑戦とギャンブルは違う

運では終わらない実力がそこにはある

夢とは他人から見たら滑稽かもしれない
しかし実現した瞬間に賞賛へと変わる

賞賛され、高い人気を誇っている。その背景に、ジャパニーズ・ウイスキーがＷＷＡ（ワールド・ウイスキー・アワード）やＩＳＣ（インターナショナル・スピリッツ・チャレンジ）など、世界の権威ある賞で栄冠を獲得し続けていることがある。

そんなジャパニーズ・ウイスキー人気をビジネスチャンスと捉え、ウイスキー造りに挑戦する男たちが現れ始めた。日本各地に、クラフト蒸留所と呼ばれる小さな蒸留所が次々と誕生しているのだ。

その引き金となったのが、ＷＷＡのシングルカスク・シングルモルト部門で最高賞を受賞し、日本のクラフトウイスキーで世界の頂点を極め、一躍世界的に脚光を浴びたベンチャーウイスキーの創業者である肥土《あくと》伊知郎《いちろう》氏の存在である。誰もが肥土氏の背中を追いかけていることは、取材を通してひしひしと伝わってきた。第二の肥土伊知郎を目指しているのだ。

本書は、地方都市からジャパニーズ・ウイスキーで世界に挑戦状を叩きつけた、そんな男たちの姿をまとめた物語だ。まだ全員が夢の途中。賞賛を手にする男がいずれこの中から生まれる日も近いであろう。

目次

1 秩父蒸溜所 肥土 伊知郎 …… 6
ウイスキービジネスは、先輩たちが造ったモノを引き継いで売らせてもらう
自分が造ったモノを未来の財産として、次の世代へ引き渡していく

2 厚岸蒸溜所 樋田 恵一 …… 30
アイラ島の環境に近い北海道の地で二人三脚によるウイスキー造りに挑む

3 遊佐蒸溜所 佐々木 雅晴 …… 42
多角経営の柱は、ゼロから挑む本場ウイスキー造り

4 安積蒸溜所 山口 哲蔵 …… 52
苦難の時代を糧に、最小限の投資で蒸留所の復活に挑む

5 額田蒸溜所 木内 敏之 …… 64
地元産の国産麦や農産物を使った真のジャパニーズ・ウイスキー造りに挑む

6 ガイアフロー静岡蒸溜所 中村 大航 …… 74
好きだから挑む。異業種から、ウイスキー造りに挑戦した異端児

はじめに …… 2
ウイスキーの造り方 …… 22
ウイスキーの豆知識 …… 26
ウイスキーの日本での歴史 …… 28
本誌で紹介した新世代蒸留所リスト …… 158

7 マルス信州蒸留所 折田 浩之 …… 86
進化とは生き残りをかけた戦い。新たな伝統を築くための果敢な挑戦

8 三郎丸蒸留所 稲垣 貴彦 …… 96
生産設備まで自社開発する、固定観念を超えたウイスキー造り

9 長濱蒸溜所 清井 崇 …… 106
ビール造りの資産を活かした、日本一小さな蒸留所からの挑戦

10 江井ヶ嶋ホワイトオーク蒸留所 卜部 勇輝 …… 116
歴史ある日本酒との二刀流で、真のジャパニーズ・ウイスキーに挑む

11 桜尾蒸留所 竹内 慎吾 …… 126
リスク回避と広島の利点を活かす、ハイブリッド型蒸留器で世界に挑む

12 嘉之助蒸溜所 小正 芳嗣 …… 138
焼酎で味わった悔しい思いからウイスキー造りを始めた革命児の挑戦

13 マルス津貫蒸溜所 本坊 和人 …… 148
32年ぶりの復活。本坊酒造発祥の地に本土最南端の蒸留所を作った男

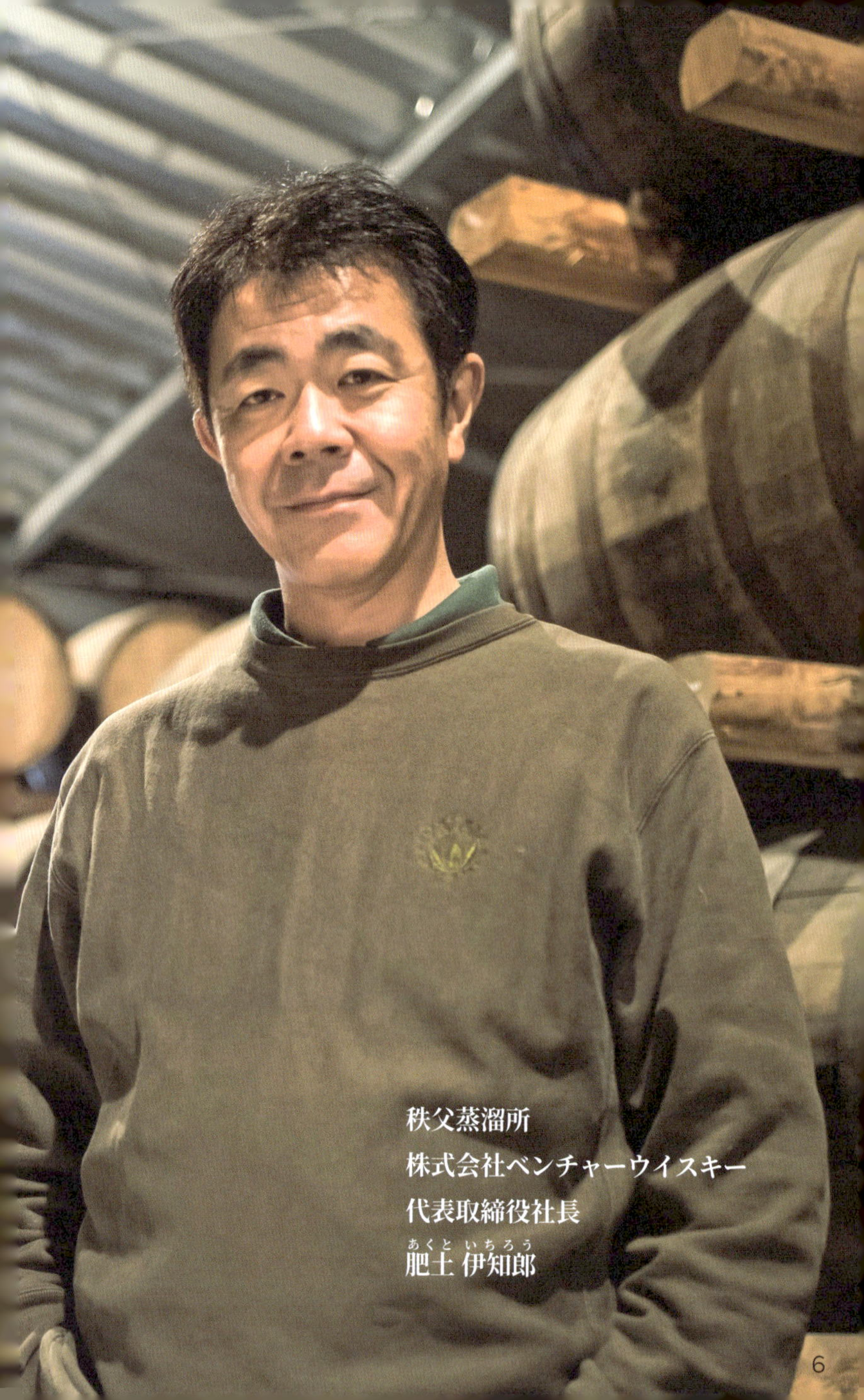

秩父蒸溜所
株式会社ベンチャーウイスキー
代表取締役社長
肥土《あくと》 伊知郎《いちろう》

ウイスキービジネスは
先輩たちが造ったモノを引き継いで
売らせてもらう
自分が造ったモノを未来の財産として
次の世代へ引き渡していく

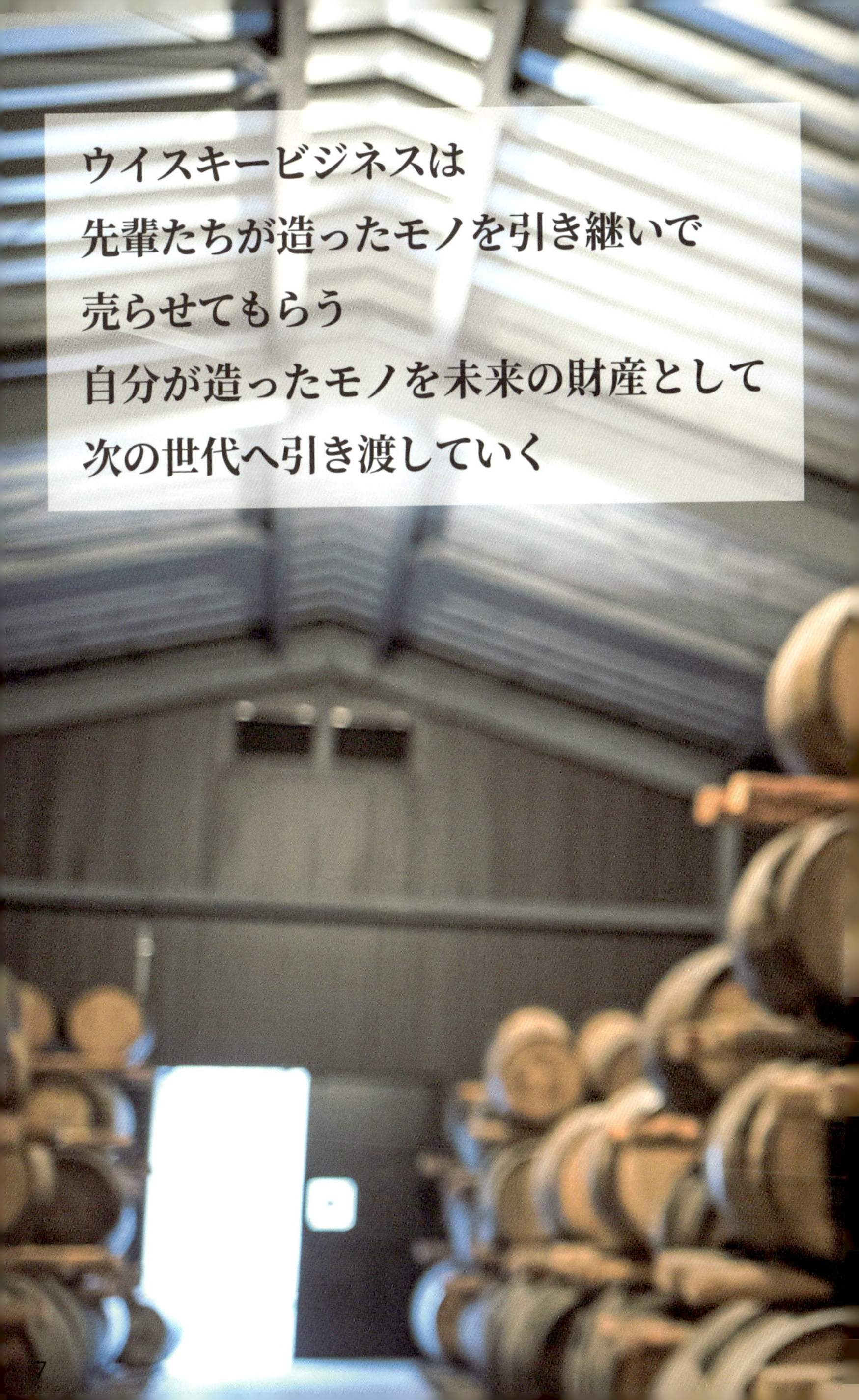

その昔、地ウイスキーブームによりウイスキーの蒸溜所が次々と誕生した時代があった。ピーク時の1985年には、日本全国に約30カ所もの蒸溜所が生まれたのだが、その後、ウイスキーはダウントレンドに突入し冬の時代が20年以上も続くと、廃業や休止を余儀なくされ、2014年には一桁代にまでその数が減少してしまった。しかも、ニッカウヰスキーが所有する余市蒸溜所・宮城峡蒸溜所、サントリーが所有する白州蒸溜所・山崎蒸溜所、キリングループが所有する富士御殿場蒸溜所と、大手メーカーが所有する蒸溜所が過半数を占め、クラフト蒸溜所としてウイスキーを造っていたのは、秩父蒸溜所などごく限られた蒸溜所だけであった。

その後、再び全国各地に蒸溜所が誕生することになるのだが、そのきっかけを作ったのは、紛れもなく秩父蒸溜所を所有する株式会社ベンチャーウイスキーの成功に他ならない。代表取締役社長の肥土伊知郎氏は、イギリスのウイスキー専門誌『ウイスキー・マガジン』主催の世界的なウイスキーのコンペティション『ワールド・ウイスキー・アワード』などで数々の賞を受賞している〝イチローズ・モルト〟の生みの親でもある。すでに海外では〝レジェンド〟や〝スター〟とも評されているが、日本では単独の蒸溜所を35年ぶりに誕生させた人物でもある。

このように業界では世界的に名の知れた肥土氏だが『津貫蒸溜所祭り2018』のトーク

ショーでは、自らを『変態』と称していたという。

「なぜ、これまで誰も参入しなかったのか。一番の理由は、ウイスキーは在庫として長い期間熟成させなければならず、ビジネス的には非常に効率の悪いカテゴリーのお酒だからです。普通のお酒ならば、造ってすぐに現金化できますが、ウイスキーはなかなか現金化できません。会計の常識からすると、ありえない世界へ参入しようとすること自体、まさに変態なのではと思ったわけです」。

ウイスキー造りという禁断の世界への参入を決意したのは、彼の祖父が創業した羽生蒸溜所の原酒を守り、その原酒を熟成させながら製品化すると決めたときだという。

「当然ですが、ただ売っているだけでは、ウイスキーの原酒はすぐに底をついてしまいます。そういう意味では、いまの私は先輩たちが造った原酒を引き継いで売らせてもらっているわけですが、売る以上は自分たちでも原酒を造らないとダメだと思っています。ウイスキー・ビジネスで大切なのは、売ることだけではなく、売ったらしっかりと原酒を造り、未来の財産として次の世代へ引き渡していくことだと思うのです。私も祖父や父が造った原酒を売っている以上は、ウイスキー造りを再開したいという想いが湧き上がり、秩父蒸溜所を建てる決意をしました」。

挫折からの復活を賭けたウイスキー造り

1625年（寛永2年）創業という歴史ある肥土酒造本家。1941年に彼の祖父が、本社工場を羽生に移し、日本酒以外のお酒も造り始めた。その後、1946年にウイスキーの製造免許を取得し、地ウイスキーブームの1980年代より羽生蒸溜所として本格的に蒸留を開始。『東の東亜』として人気を博していたが、日本酒の製造設備への大型投資があだとなり、2004年には経営の悪化で羽生蒸溜所は売却され、取り壊されてしまう。これにより約20年造り続けてきた400樽のウイスキーの原酒が、廃棄の危機に直面することになる。

「2000年に民事再生法を適用して再建を図ったのですが、市場は非常に厳しく、2004年に完全に会社を手放すことになりました。しかも2004年はウイスキーにとって冬の時代。当然のように新しいオーナーさんはウイスキーには全く興味を示しませんでした。ウイスキーを造るには時間がかかる。熟成のための場所も要る。市場で売れていないという三重苦を抱えたカテゴリーという認識によって、ウイスキーの原酒は期限を決めて廃棄、設備も撤去することが決定したのです」。

羽生蒸溜所を購入したオーナー側の立場としては正しい経営判断だと思うが、20年近く熟成を重ねてきたウイスキーの原酒もあり、彼にしてみれば大切に育ててきた二十歳目前の子どもたちを見捨てることと同じ気持ちだったと言う。『何とかしてこのウイスキーを世の中に出す仕事をしよう！』という気持ちだけで、原酒を引き取るためにベンチャーウイスキーを設立することを決意したと語る。

大学卒業後、彼は家業を継ぐことなくサントリーに入社した。入社当時は営業企画やキャンペーンの立案など販売促進を担当していたが、営業現場を知らないのは机上の空論だと部長に懇願し、営業の部署へと異動。とは言っても、営業が得意なタイプではなかったのだが、持ち前の努力と創意工夫により業績も向上し、表彰された経験もあるという。

そんな中、家業の経営状態が傾きかけた1995年頃に父から仕事を手伝ってくれないかと頼まれる。彼が28歳のときだった。もともとは山崎蒸溜所でウイスキー造りをしたくてサントリーの門を叩いたという経緯もあり、父からの提案を了承する。初心である『モノ作り』に挑戦したくなったことも背景にあった。

「私が家業に戻ったときには蒸留はやっていませんでしたが、サントリーでの経験もあり、やはりウイスキーのことは気になるわけです。どんな原酒を造っていたのかを確認したところ、『うちのウイスキーは、クセがあるので少し飲みづらい』とか、造っていた本人たちが弱気な発言をしていたのです。もちろんその場で原酒を口にしたのですが、私はみんなとは意見が違い、『確かに今まで飲んだウイスキーとは違うけど、個性があっておもしろいな』というのが感想でした」。

当時、ウイスキーは水割りにして大量飲酒する時代。それゆえに、飲みやすいタイプのウイスキーが主流だったため、彼としても味わったことのない複雑で濃い原酒だったという。

しかし、自分の直感を信じることができる芯の強さが彼にはあった。それが後の行動力につながっているのだが、ここでも彼は自分の直感を信じる道を選ぶ。

「本当にウイスキーのことがわかる人に意見を求めた方がいいと考え、本屋でバーにまつわる書籍を何冊も購入し、プロのウイスキーバーのバーテンダーやマスターを訪ねてはテイスティングしてもらっていました。すると、『おもしろいね、これ。買えるの？』という肯定的な言葉が返ってきたのです。プロの方の話が聞けるチャンスでもあったので、いろいろと飲み比べをしながら、ウイスキーの知識を吸収していきました」。

サントリーに勤めていた頃は、サントリーローヤルやリザーブばかり飲んでいた彼にとって、正直、世の中にこんなにもたくさんのウイスキーがあったことに驚きを隠せなかったという。当たり前だが飲み比べることで、それぞれに個性があり味が違うことに気づく。

しかも銘柄ごとにヒストリーや物語がある。たとえば、スコットランドの蒸留所でたった3人で造っているようなウイスキーが、いま地球の裏側の東京で飲まれていたりするのだ。

「純粋に素敵だなと思いつつも、逆のことができないかと考えていました。日本の小さな蒸留所で造ったウイスキーでも、個性的で美味しければ、地球の裏側でも飲んでもらえるのではないかと。しかもウイスキーの売れない冬の時代に、女性から若者まで老若男女が楽しそうにウイスキーを飲んでいるのです。それがまた魅力的でもありましたし、ワインがワイナリーごとの味わいを楽しむように、ウイスキーも蒸留所ごとの飲み方があることを初めて知りました。何となくですが、ウイスキー全体の流れとは全く別の分野があり、そこをターゲットにしたウイスキーを造っていけば、何かが起こるのではないかと感じました」。

モノづくりの探究心から臨む新たな挑戦

秩父蒸溜所では増産を目指し、車で2〜3分の距離の場所に、第2蒸留所を建設している。現在は1仕込み400kgの麦芽量だが、第2蒸留所は1仕込みで2トンの麦芽量となるため、生産能力としては5倍になる。

「新しい蒸留所のポットスチルは、いままでの間接式加熱ではなく、直火式加熱での蒸留となります。単純に直火式加熱に挑戦してみたかったという部分もありますし、ポットスチルのサイズが大きくなったことで、今よりも酒質がライトになりがちなのを補うという意味合いもあります。これは直火式加熱だとクックドフレーバーが期待できるからで、たとえば同じチャーハンでも電子レンジで加熱したものと中華鍋で加熱したものでは、力強さや香ばしさが違います。これが狙いです」。

秩父蒸溜所ではこの他にも樽工場を建設し、樽造りも行っている。もともと秩父蒸溜所では、夏のメンテナンス期間の蒸留を休止しているときに、国内では珍しい洋樽の専門メーカー『マルエス洋樽製作所』で樽造りの研修を行っていた。自分たちの手で作った樽で、自分たちのウイスキーを熟成させたいという気持ちから樽作りを学んでいたのだが、マルエス洋樽製作所が後継者の関係から事業をたたむことになってしまい、指導していただくことを条件に、秩父蒸溜所で樽作りの設備をすべて買い取ることにしたのだ。

「縁とは不思議なもので、鹿児島で樽造りをしていた職人さんも来てくださり、いまでは3名の樽職人が、樽の修理から組み替え、ミズナラの樽造りまで行っています。ここまでしていることに驚かれますが、自分たちしか手がけていないものがあるということは、メリットだと考えています。実は、標高900m以上の秩父の山にはミズナラの群生林があり、昨年の3月に伐採した木で樽造りをする準備も整っています。このようなチャレンジができることにワクワクしています」。

木桶や樽など秩父蒸溜所がミズナラにこだわるのは、彼が10年ぐらい前に銀座のバーで体験したミズナラ熟成40年物のウイスキーを飲んだときの衝撃が忘れられないからだと言う。

「今まで飲んだどんなウイスキーとも味が違いました。〝伽羅〟や〝白檀〟に例えられますが、高級なお香のようなフレーバーが口の中に広がるのです。『こんなにも美味しくて個性的なウイスキーが造れたら最高だな』という思いに駆られたことをいまでも覚えています」。

彼の凄いところは、ウイスキーの製造工程に関わることは、何でも自分たちで実践してしまうことだ。実は2008年からイングランドのモルトスター（製麦業者）に毎年通い、伝統的なフロアモルティング製法での製麦の作業にも携わっている。もちろん自分たちで作業したものはすべて購入してウイスキー造りの仕込みに使用しているのだが、すでに10年も通っているため、技術的にもノウハウ的にもマスターすることができたと彼は語る。

「嬉しいことに、秩父で栽培された大麦を、自分たちでモルティングして原料に使うことを反対する人はひとりもいなかったです。秩父蒸溜所のメンバーは、本当にウイスキー好きの集まりなんだと思います。私だけではなく、メンバー全員が樽造りやモルティングなどのウイスキーに関係する工程に興味があるんですね。普通なら社長が新しいことをやりたいなんて言い出すと、従業員は『そんな面倒なことはやめましょう』と思うのかもしれませんが、秩父蒸溜所のメンバーは全員が『是非やりましょう』という雰囲気になるのです。快く後押ししてくれる味方が近くにいてくれることに感謝しています」。

イチローズ・モルトの成功は〝肥土伊知郎〟のカリスマ性だと取材前は思っていたのだが、秩父蒸溜所を見学し、正直、それだけではないことに気づかされた。工場としてのレベルがとても高い蒸留所だということを、丁寧にメンテナンスされた設備や整理整頓が行き届いた作業環境、従業員の方々の仕事への接し方などから実感できたのだ。

ウイスキーも商品である以上、モノづくりの原点である『まじめに高品質なものを造り続けること』が、たとえいまのウイスキーブームが去ったとしても、生き残るための最大のリスク回避であると、秩父蒸溜所を見て改めて思うことができた。

2000リットル入るフォーサイス社製のポットスチル。初留で約2000リットルのモロミは約700リットルまで減り、アルコール度数は23%ほどに。再留でアルコール度数を70%ほどに高め、約200リットルが原酒として樽詰めされる。

ワールド・ウイスキー・アワードでは、三年連続で世界最高賞を受賞するなど、数々の栄誉を獲得。2017年の「ワールドベスト・シングルカスクシングルモルトウイスキー」では、秩父蒸溜所で一から造った原酒が世界に認められ、18年と19年には、ブレンド技術の高さを世界から評価された。

キルン棟。麦芽の乾燥設備で、一部のノンピート麦芽については、フロアモルティング製法による製造も行っている。

日本古来の木材であるミズナラを用いた発酵槽。ミズナラに住み着く乳酸菌の作る香りが、世界最高のウイスキーを生んだ秘密の一つでもある。

製造棟と同じ敷地内にある熟成庫。秩父の風土が生み出す独特の環境を目指し、床は土がむき出しのダンネージ式を採用。これと同じサイズの熟成庫が他に5棟ある。

昭和16年に肥土伊知郎氏の祖父が建てた羽生蒸溜所。1980年代の地ウイスキーブームのときから本格的な蒸留を開始し、そのときのポットスチルが秩父蒸溜所の入り口に飾られている。『北のチェリー、東の東亜、西のマルス』と呼ばれ一世を風靡したポットスチルだ。

ウイスキーの造り方

1

粉砕

ミル（粉砕機）で麦芽を細かく粉砕します。粉砕は均一ではなく、ハスク（粗挽き）が15～20％、グリッツ（中挽き）が70～80％、フラワー（細挽き）が約5～10％の比率になるようにします。

糖化工程では最後に麦汁をろ過しますが、麦芽が沈殿することで自然にできるろ過層を利用するため、ハスクが多すぎるとキレイにろ過されず、フラワーが多いと目詰まりを起こしてしまいます。

原料の麦芽

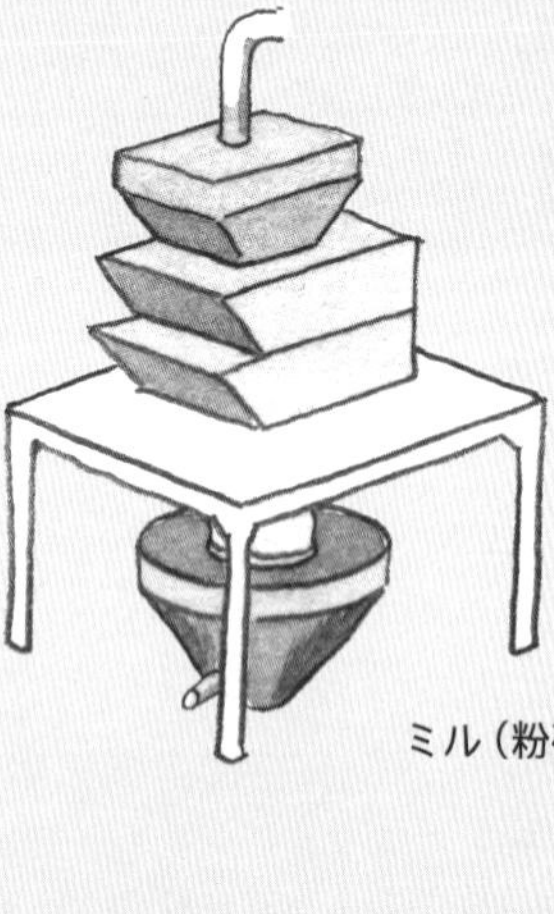
ミル（粉砕機）

麦芽（モルト）

モルトウイスキーの原料には、大麦（主に二条大麦）の麦芽を使用します。麦芽は、麦を水に浸して発芽させてから乾燥させたもので、発芽するときに発生する酵素が、発酵に必要となるからです。ただし発芽が成長し過ぎると今度は逆に酵素が消費されてしまうため、適度なところで乾燥させて発芽を止めています。乾燥させる際に、必要に応じてピート（泥炭）を焚き、ウイスキー特有のスモーキーなフレーバーを加えることもあります。

2

糖化

マッシュタン（糖化槽）に、粉砕した麦芽と約70℃に温めた仕込水を加えます。これにより、麦芽の酵素がデンプン質を糖分に変え、甘い麦ジュースのような麦汁を作り出します。麦汁の品質に大きな影響を及ぼす仕込水へのこだわりは、ウイスキー造りの重要なポイントになっています。

麦汁は麦芽が沈殿してできた層にろ過されて次の工程に進みます。

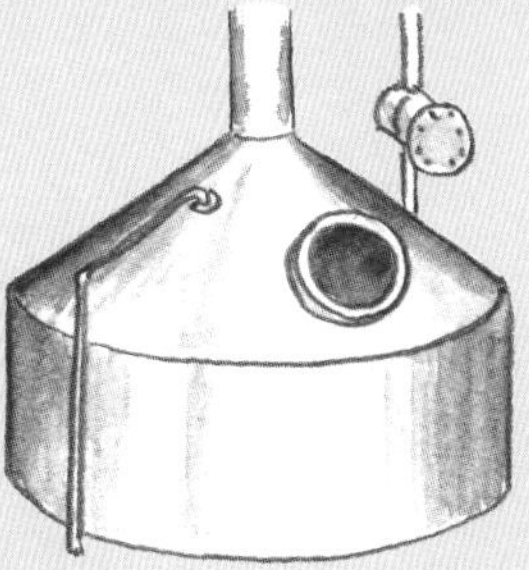

マッシュタン（糖化槽）

3

発酵

甘い麦汁は、冷却されて発酵槽へと移されます。ここで酵母が加えられ、アルコールの発酵が始まります。酵母の働きにより、麦汁中の糖分はアルコールと炭酸ガスに分解され、3〜4日後にウイスキー特有の香りを含んだアルコール度数7％前後のモロミが完成します。

ステンレス製発酵槽

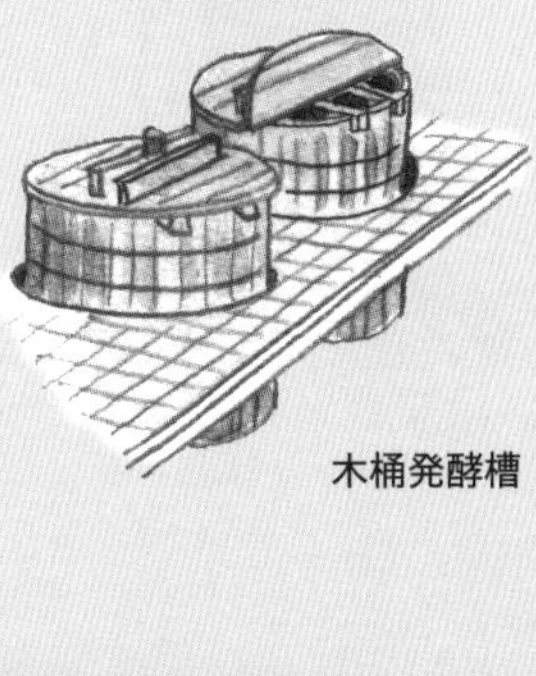

木桶発酵槽

発酵槽には、ステンレス製と木桶があります。ステンレス製は清掃が容易で発酵の安定性が高く、木桶は優れた保温性を有し、木に住み着く乳酸菌が独特の効果を生み出します。

4

蒸留

『蒸留』とは、アルコール濃度を瞬時に濃縮することで、アルコール度数を高めるための作業です。モルトウイスキーの場合、ポットスチルと呼ばれる単式蒸留器で2回の蒸留を行います。

発酵を終えたモロミを初留用のポットスチルで蒸留し、アルコール度数を20%前後にした後、今度は再留用のポットスチルで蒸留します。すると、アルコール度数が約70%のニューポットと呼ばれる無色透明のウイスキーの原酒が誕生します。

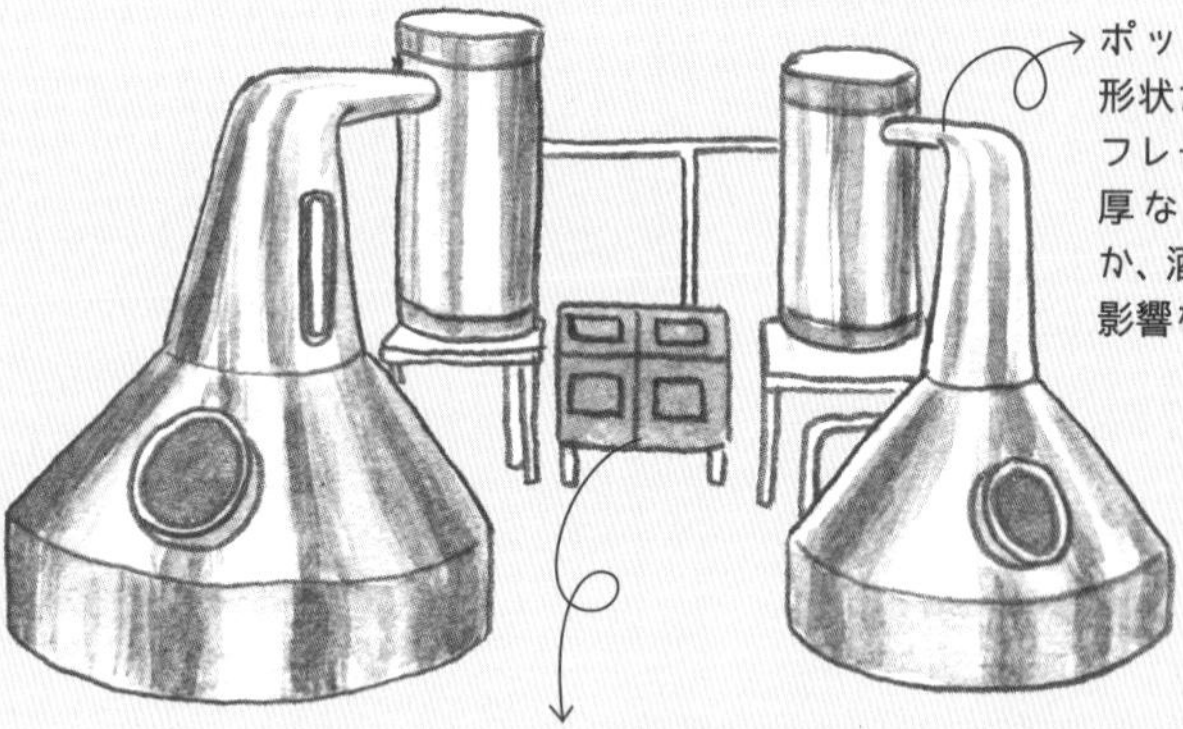

ポットスチルの形状が、軽やかなフレーバーか、重厚なフレーバーか、酒質に大きな影響を与える。

ポットスチル

多くの蒸留所では、初留と再留で別々のポットスチルを使用しています。また、再留で抽出される液体の始めの部分をヘッド、後の部分をテールと呼んでいます。熟成樽に詰められる原酒は、ヘッドとテールを除いた真ん中のハートと呼ばれる部分だけになります。この作業のことをミドル・カットと呼び、どの部分からハートにするのかでニューポットの味や蒸留される量が変わってきます。

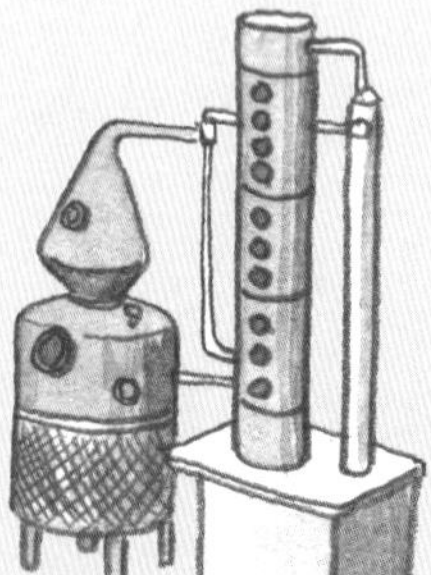

ハイブリッド型蒸留器

単式蒸留器（ポットスチル）と連続式蒸留器が一体になった蒸留器のことです。

5

貯蔵・熟成

加水してアルコール度数を60%前後に下げた原酒は、木製の樽に詰め、長期間貯蔵・熟成させます。これにより無色透明で刺激の強かったニューポットが、琥珀色の芳醇でまろやかな味に変化します。

英国の法律では、スコットランド国内の保税倉庫で3年以上熟成させたものしか、スコッチ・ウイスキーと認められていません。日本の法律ではウイスキーについて熟成期間の定義はありませんが、一般的にはスコッチ・ウイスキーに倣って、最低3年を熟成期間の目安にしています。

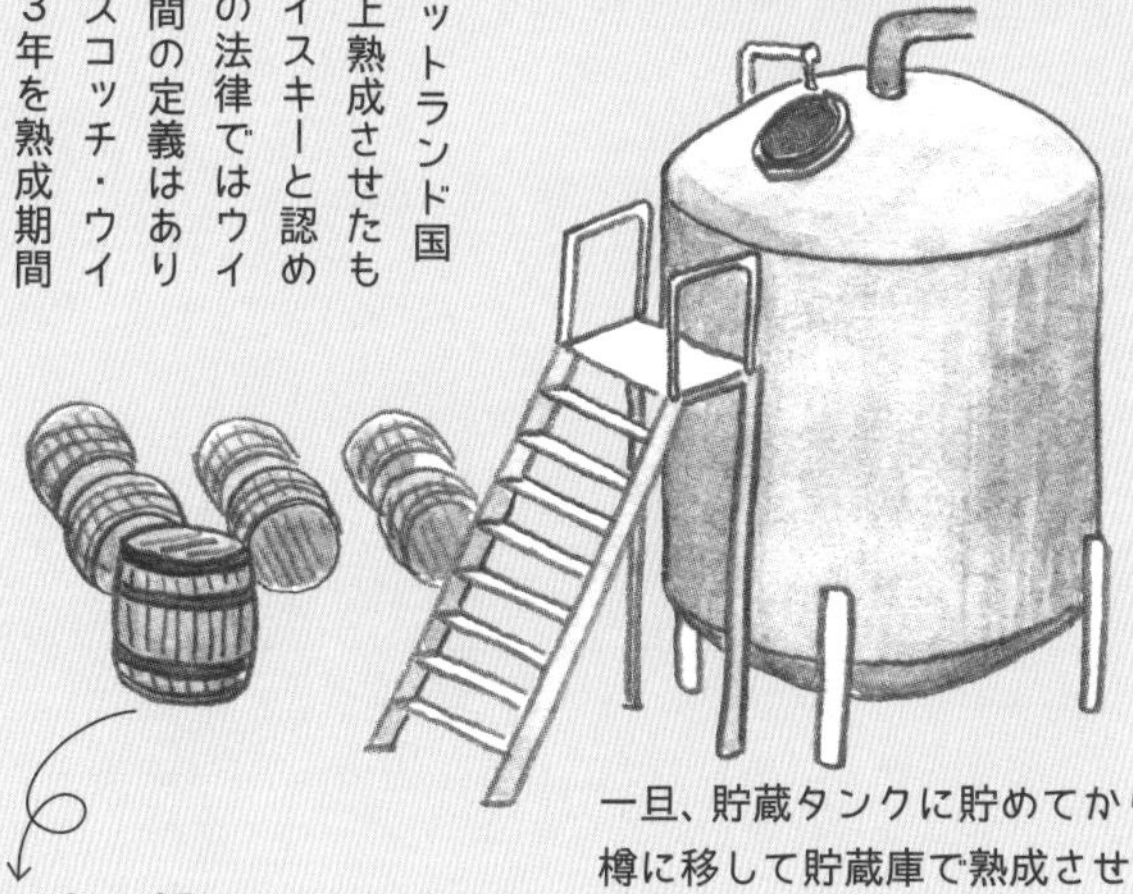

一旦、貯蔵タンクに貯めてから、樽に移して貯蔵庫で熟成させる

ウイスキー樽

樽の種類によって、色や香り、味わいに違いが生まれてくるのが、ウイスキーの不思議な魅力でもあります。

樽の素材は、ほぼすべてオークの木が使われています。アメリカ産のアメリカンホワイトオーク、ヨーロッパ産のコモンオークやセシルオーク、ジャパニーズオークと呼ばれるミズナラなどがあります。新樽を使うことは少なく、以前に他のお酒の貯蔵に使用されていた樽を再利用することがほとんどです。その中でも、バーボンウイスキーの熟成に使われていた『バーボンバレル』と、スペインの酒精強化ワインのシェリーの熟成に使用された『シェリー樽』が有名です。

また、樽の内側をバーナーで焼くことで樽材の木質成分を活性化させ、熟成効果を高めた樽もあります。

樽も“ウイスキーの原料のひとつ”と言えるかもしれません。

ウイスキーの豆知識

1 天使の分け前（天使の取り分）

樽が木製のため、長期間の熟成となると、水分やアルコール分が少しずつ樽から蒸発し、原酒の量が減ってしまいます。蒸発する量は、暑さや湿度で変化し、日本の夏は暑いため、年に3%ほど。10年も熟成させると、6割くらいに減ってしまうほどです。

昔の人たちは“原酒が減るのは、天使に分け前を飲ませているから。ウイスキーはその見返りで美味しくなる”と考え、樽から減った分の原酒のことを“Angels' share（天使の分け前）”と呼んでいました。

樽倉庫に住む天使たちに見守られながら、ウイスキーは静かに熟成していくというわけです。

2 ノンエイジウイスキー（NAS/ ノンヴィンテージ）

ラベルに年数表記のないウイスキーのことです。ラベルに年数表記のあるウイスキーは、ブレンドに使用された最も若い原酒の熟成年数になります。“10年”とラベルに書かれていたら、最低でも10年以上の原酒だけを使用していることになります。

最近は原酒不足という背景から、使用できる原酒の年数に制限のないノンエイジウイスキーが増えています。

3 ニューポット

ポットスチルから留出したばかりの樽貯蔵される前のモルトウイスキーの原型のことで、無色透明です。ニューメイクとも呼ばれています。ちなみにニューポットを樽詰し、まだ日の浅い熟成途中のウイスキーのことをニューボーンと呼んでいます。

4 シングルモルトウイスキーとブレンデッドウイスキー

シングルモルトウイスキーとブレンデッドウイスキーの違いについては、下図を参照してください。ちなみに、ピュアモルトウイスキーは、モルトウイスキー100%のことを言います。シングルモルトウイスキー、シングルカスクウイスキー、ヴァッテドモルトウイスキーなどの総称です。

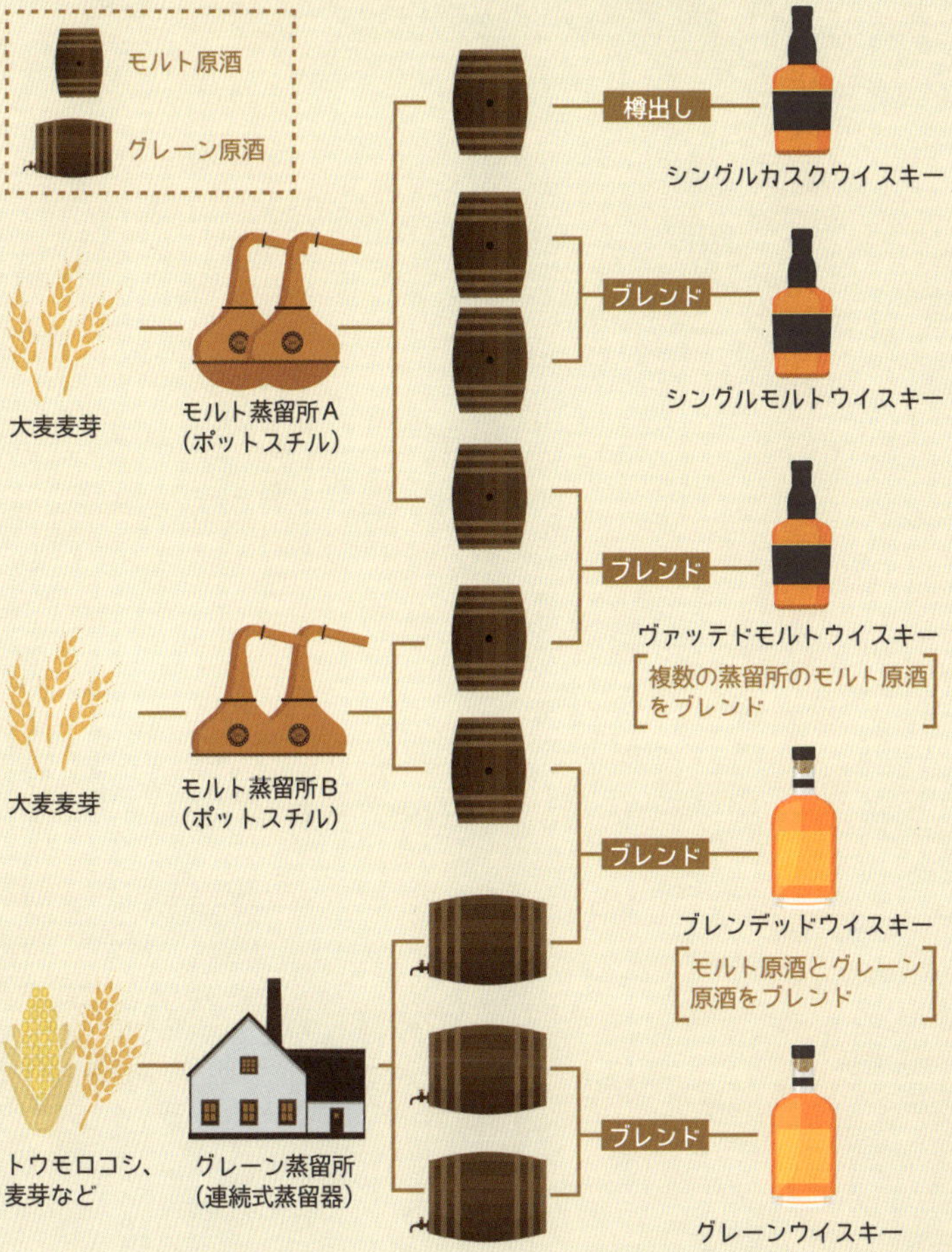

ウイスキーの日本での歴史

1923年
山崎の地に、寿屋（現・サントリーホールディングス株式会社）によって日本初となるモルトウイスキー蒸溜所「山崎蒸溜所」が建設される

1929年
日本初の国産本格ウイスキー「サントリー・ウイスキー白札」が発売

1960年前後
この頃より、トリスバーやニッカバーなどの庶民的バーが爆発的な人気となり、ハイボールブームになる

1970年代
高級ブレンデッドウイスキーをバーやクラブでボトルキープするのが一種のステイタスとなり大流行する

1984年前後
ウイスキー人気に触発され、国内酒造会社がウイスキー造りに参入する「地ウイスキーブーム」が起こるが、１９８４年前後をピークにダウントレンドに突入してしまう

1989年

酒税法の大幅改正により、ウイスキーの級別制度が廃止。2級ウイスキーが大きく値上がりし、消費低迷が加速する。輸入と国産の税率差も解消。これらは『鉄の女』と呼ばれた英元首相マーガレット・サッチャー氏からの圧力によるもので、サッチャーショックと呼ばれている

1997年

酒税格差により、ウイスキーは焼酎に対して不利であり、貿易障壁に当たるというEUからの主張により、酒税法が改正。ウイスキーやブランデーなどの税率が引き下げられ、焼酎やリキュール類の税率が引き上げられた。結果、価格が下がったウイスキーは、贈答品や海外旅行土産の定番だったお酒としての地位と消費スタイルを失う

2008年以降

25年も続いたウイスキーの冬の時代の低迷が底打ちする。ハイボールブームやシングルモルトの世界的な人気、国際コンペティションでのジャパニーズ・ウイスキーの度重なる受賞などを背景に消費が回復傾向になる

2011年以降

休止していた蒸留所が次々と復活し始める

2014年

寿屋で日本初の国産本格ウイスキーを造り、ニッカウヰスキー創業者でもある竹鶴政孝氏とリタ夫人をモデルにしたNHKの連続テレビ小説『マッサン』の放送が開始される

2015年以降

小規模の新しい蒸留所が各地にでき始め、クラフトディスティラリーブームが到来する

2018年以降

ウイスキー人気の高まりを受けて原酒不足に。2019年8月に開催された香港のオークションにて、ベンチャーウイスキー社長 肥土伊知郎氏が発売した「イチローズモルト・カードシリーズ」の54本セットが約1億円で落札される。

アイラ島の環境に近い北海道の地で二人三脚によるウイスキー造りに挑む

厚岸蒸溜所《あっけし》　樋田《といた》 恵一《けいいち》

厚岸町は冷涼で湿潤な気候で、海霧が発生しやすく、霧に覆われることが多い。また、蒸留所の北東には別寒辺牛湿原が広がっており、アイラ・モルトのようなウイスキー造りを目指すには最適な地である。2016年10月より蒸留を開始。

堅展《けんてん》実業株式会社は、代表取締役の樋田恵一氏の父が創業した会社だ。東京が拠点で、食品原材料の輸入などを手掛ける商社である。２０１０年からウイスキーの輸出を始め、そこからウイスキー事業へと進出していくのだが、その原点には彼が30歳のときに銀座のバーで初めて飲んだアイラ・モルト・ウイスキー〝アードベッグ17年〟の忘れられない衝撃があった。

アイラ・モルト・ウイスキーは、スコットランドのアイラ島にある蒸留所で造られたウイスキーのことで、伝統的なアイラ島産ウイスキーの多くにピートが使われていたため、『スモーキー臭い』と表現されることが多い。

ウイスキーの原料となる麦芽は、大麦を発芽させたものだが、麦芽にすることで酵素が生成され、発酵しやすくなる。そのため水に浸して少しだけ発芽させるのだが、発芽が進むと今度は芽が酵素を消費してしまうため、適当なタイミングで乾燥させて発芽を止める必要がある。このときピートを燻《いぶ》した熱で乾燥させた麦芽のことをピーテッド麦芽と呼ぶ。

ちなみにピートとはドロ状の炭のことで、日本語では泥炭《でいたん》と訳される。しかもピートは海藻を含んでおり、強烈な磯臭さがある。ピーテッド麦芽は、この臭いのきついピートを燻して乾燥させるため、香りが麦芽に移り、スモーキー臭いと称されるように焦げ臭くクセの強いウイスキーができるのである。また、ピートを使わないで乾燥させた一般的な麦芽のことを、ノンピート麦芽と呼んだりもする。

ウイスキー愛好家にとって聖地といわれるアイラ島では、ほとんどの蒸留所が海に面しており、その土地の四分の一がピートを含む湿原で覆われているため、ピーテッド麦芽のウイスキーが一般的なのだ。そしてピートが蓄積すると泥炭地という湿地帯になるのだが、日本で泥炭地のある場所は主に北海道となる。

「アイラ島に近い環境でウイスキーを造りたいという想いがありました。アイラ島の特徴である湿原がある地域となると、北海道でも道東、その中でも知名度の高いのが釧路湿原になります。最初は釧路湿原の周辺をターゲットにしたのですが、すでに開発が進み、環境への制限も多いことから断念することにしました。そんな中、厚岸町は空港からも1時間圏内で湿原もあることに加え、厚岸町も前向きに協力してくださるということで、この場所に蒸留所を建設することに決めました」。

彼はウイスキー事業に参入するにあたり、ベンチャーウイスキーの肥土伊知郎《あくといちろう》氏にいろいろと相談しており、そのときのアドバイスもあり、蒸留所を建てる前の2013年には、厚岸町がウイスキーの熟成に向いている地なのか熟成テストを試みている。試験熟成庫を建て、ベンチャーウイスキーの原酒を実際に貯蔵して熟成度合いを調査したのだが、半年、1年と熟成を続けた結果、厚岸町でも質の良い熟成が期待できることを確信したという。

「仕込み水もアイラ島の蒸留所で使っている泥炭層を通った茶色い水でウイスキーを造りたいと思っていました。それが可能なのは、日本では北海道しかないわけです。釧路空港から厚岸町に来るときに釧路川の橋を渡りますが、その川の水はピート層を流れてきた水のため実際に茶色いのです。もちろん日本の場合は食品衛生法や水道法があるため、アイラ島のように茶色い水をそのまま仕込み水には使えず、上水を使用しています。色は茶色ではなく無色透明ですが、水の甘みなどが残っているため、他の水とは明らかに違います」。

原料の麦も現在はスコットランド産をメインで使用しているが、一部では北海道産の麦も使い始めている。そして最終的にはすべてではないが、厚岸地域で収穫された麦を厚岸の浜のピートで燻したスモーキー臭い麦芽を自分たちで作りたいと思っている。もちろん麦芽の作り方はアイラ島と同じやり方になるが、ピートの植生が違うため、厚岸独特の風味のあるピーテッド麦芽が生まれることを狙っているのだ。

「正直、ウイスキー造りを始める前は、ピーテッドモルトのウイスキーばかり考えていました。しかし肥土さんから、最初はノンピートモルトのウイスキーから造り始めることをアドバイスされたのです。『まだ経験の浅いときから煙臭いピーテッドモルトを造ると、煙の臭いでごまかされて、間違った造り方をしていても気がつかない。まずはごまかしの利かない基本であるノンピートで正しいウイスキー造りを確立することが大切』と言われ、それをきちんと守っています」。

ノンピートを造ることでノンピートの大切さが理解できたという。また、ノンピートの原酒とピーテッドの原酒をバランスよく造るようになって、原酒の幅も広がったと彼は語る。

ただ、ノンピートとピーテッドの両方のウイスキーを造るには苦労もあり、どの蒸留所もピーテッドのウイスキーを造る期間は、メンテナンス期間中に行われる清掃の前と決まっている。これはピーテッドモルトを造ったすぐ後にノンピートモルトを造ってしまうと、ピーテッドの残った臭いがノンピートに移ってしまうからだ。厚岸蒸溜所では冬がメンテナンス期間のため、その前の何カ月間かがピーテッドモルトを造る期間となっている。

適材適所を重視した二人三脚によるウイスキー造り

話は戻るが、堅展実業でウイスキーの取り扱いを始めたきっかけは、将来に向けた新たな商材を模索しているとき、2000年くらいから世界で始まりつつあったウイスキーブームに着目したからだ。そしてジャパニーズ・ウイスキーを海外で売りたいと、2010年ごろからジャパニーズ・ウイスキーの海外への輸出を手がけるようになる。

その後、ボトラーズメーカーとしての参入も検討するが、どちらにせよウイスキーの製造免許が必要となるため、結果的には蒸留所を作って自分たちの手でウイスキー造りを始める決意をする。

ボトラーズメーカーとは、蒸留所が熟成させている原酒を樽ごと買い取り、独自に瓶詰めをして販売するメーカーのことだ。たとえば、ボトラーズメーカーが買ってきた樽を独自に熟成させることで、もとの蒸留所では発売していない熟成年数で提供したり、新たな熟成の手法を加えることで、原酒は同じでも、もともとの蒸留所の香味とは異なるウイスキーを提供したりしている。

「堅展実業で食品原材料を扱っていた関係から、大手の製菓会社や乳業メーカーの工場に出入りしていましたので、食品工場の大変さは衛生管理含めて身に染みて理解していました。ただ食品の中でもウイスキーは希少な存在で、消費期限がないという夢のような商品なわけです。これはアルコール度数が高く雑菌が繁殖する余地がないからで、同じ食品の中でもウイスキーの製造であれば、自分たちの知識と努力次第で手の届く範囲だと判断し、参入を決めました」。

彼は蒸留所を作るにあたり、堅展実業の出入り先の大手乳業メーカーで働いていた立崎氏に声をかけて工場長として迎え入れる。製造経験のない自分がウイスキーを造るよりも、モノづくりが好きで、創意工夫をしながら生産に打ち込める立崎氏に任せた方がより良いウイスキーが造れると判断したのだ。その代わり、製造業務以外の企画や販売面などはすべて彼が担当するという、二人三脚によるウイスキー造りの道を歩むことを選ぶ。

「人には向き不向きがあると思うのです。自分より優れている人がいれば、その分野はその人に任せればいいのです。もちろん、その人にも経験していない分野があるわけで、その分野については自分がすべて引き受ければいい。ただしこれは、目指す方向が同じで、きちんと共有できていることが前提となります。アイラ島の伝統に則ったウイスキー造りを継承しながらも、我々は北海道産の原材料を使うことでアイラ島とは違った形で、世界に認めてもらえるウイスキーを造る。これが二人が目指す厚岸蒸溜所のコンセプトなわけです」。

北海道は、いまではお米の産地としてすっかり有名になったが、麦についてもビール用の麦ではあるが富良野や網走で栽培している。実はこのビール用の麦を原料にしてウイスキーを造ると、アルコール収量は低いが風味の良い、和風のウイスキーができるという。

「昔は道東では米も麦も作れないと言われていました。夏に気温が上昇しないことが原因ですが、実は局所的に暑くなる地域もあり、一昨年から釧路太田農協さんの協力のもと、麦の委託栽培を開始しました。成果は順調で、今年は作付けをし、その麦でウイスキーを造る予定です。将来的には、全体の30〜40％を北海道産の麦、2〜3％を厚岸地域の麦を使ってウイスキー造りができる、理想の形に近づければと思っています」。

フードセーフティによる工場の食品管理

フードセーフティ（食品安全）とは、食の安心・安全体制を強化する対策のことで、厚岸蒸溜所では、HACCP《ハサップ》に基づく食品衛生管理を目指している。ちなみにHACCPとは、1960年代に米国で宇宙食の安全性を確保するために開発された食品の衛生管理の方式のことである。

たとえば蒸溜所内を取材するにも、食品メーカーの工場で着用している白い不織布のつなぎや帽子、靴カバーの着用が義務付けられている。もちろん手洗いをしないと作業現場には入れず、カメラなどの私物の持ち込みも禁止されていた。このような徹底した管理を行っていたのは、今回取材した蒸留所では厚岸蒸溜所だけであった。

また、蒸留所内の床は常にドライに保たれていた。これは少しでも床に水分があると、そこからカビが繁殖してしまうためで、アルコール度数が高いウイスキーを生産している工場というよりは、一般的な食品を生産している工場と同じような徹底した食品衛生管理である。

これには、立崎氏が大手乳業メーカーの工場出身ということも関係していると思うが、実は彼も堅展実業への入社前は銀行に勤めていた経歴があり、今回のウイスキー事業への参入にあたって、『ウイスキーは金融商品と異なり地に足が着いた投資』とも語っている。

「堅展実業はキャッシュ比率が高いため、ウイスキー事業への参入は、将来的なインフレに備えた投資としての側面もあります。たとえばキャッシュを土地と株以外で保有するには、何か商品を持つことになると思いますが、ウイスキーは熟成し、年月が経過するほど価値の上がる商品です。しかも自分の貯蔵庫に在庫として現物を保管できる。そういう面では先物商品なんかより、資産としては安心なのかなと思いました。もちろんそのためには、品質の良いものを造ることが重要です。品質さえよければ、いまのウイスキーブームではなく、次の10年、20年先のブームのときに、製品として出荷できるわけです。そう考えると、ウイスキー事業は自分の代の仕事というよりは、堅展実業がこの先も継続していくために、次世代に託す商材を作っているという想いが私の中にはあります」。

フォーサイス社製のポットスチルは、ストレートヘッドのオニオンシェイプで、コントロールしやすい形状である。

2018年2月に完成した3棟目の熟成庫は、革新的なラック式で、海の香りがウイスキーの特性に良い影響を与えることを期待して、厚岸湾のすぐ側に建てられている。1棟目と2棟目の熟成庫は、ダンネージ式である。

厚岸蒸溜所では、ポットスチルを下から眺めることができる。ポットスチルに限らず製造設備はスコットランドのフォーサイス社製のものを導入しており、設置作業もフォーサイス社のスタッフが来日して行った。

HACCPに基づくフードセーフティ（食品安全）に取り組んでいる厚岸蒸溜所では、床を完全ドライ化することでカビの繁殖を防止している。湿度が下がるため、夏には従業員の熱中症予防にもなる。

多角経営の柱は、ゼロから挑む本場ウイスキー造り

遊佐《ゆざ》蒸溜所　佐々木《ささき》 雅晴《まさはる》

鳥海山麓の湧水の里では、古くから酒造りが営まれてきた。そんな美しく豊かな鳥海山の伏流水と、新鮮で澄んだ空気に恵まれた地で、ハイエンドのシングルモルトのみに絞った製造を行っている遊佐蒸溜所。2018 年より稼動。

株式会社金龍は、山形県で唯一の焼酎専門メーカーである。しかも販売エリアの95%を山形県内が占めるという地元密着型企業のため、経営が健全なうちに新規事業を開拓することが、金龍の長年の課題であり悲願でもあった。これは山形県において、10年先で10%、20年先には20%の人口減が発表されている背景があるためだ。将来的にも金龍が安定して継続していくには、多角経営の柱が必須であり、代表取締役社長の佐々木雅晴氏は、焼酎だけに頼らない新たな事業としてウイスキー造りに新規参入することを決めた。

焼酎はウイスキーと同じ〝蒸留酒〟で、連続式の蒸留器で蒸留したアルコール度数36度未満のものを〝甲類焼酎〟と呼ぶ。一方、単式蒸留器で蒸留したアルコール度数45%以下のものは〝乙類焼酎〟と呼ばれ、金龍は甲類焼酎専門のメーカーである。山形県の人口減少の対策として販売地域の拡張を目指して東京への進出も検討したが、甲類焼酎だけで競業他社がひしめく激戦区に挑むには、高い品質があったとしても厳しいというのが現実だ。そこで、甲類焼酎に次ぐ持続可能な経営の柱を確立するために、金龍では20年もの間、いろいろな分野で模索し続けていた。

そのひとつにアパート経営がある。こちらはいまでも続けているが、それ以外でもサービス付き高齢者住宅、風力発電など、考えられるありとあらゆる事業で経営の多角化を目指したが、検討段階で終わることが多かった。

その中には、九州の乙類焼酎メーカーを買収するというM＆Aによる商品群の拡大を目指したものもあった。それほど、経営の多角化による新規事業の立ち上げは、将来に向けた金龍の生き残りを賭けた課題であったのだ。

「年に何回か蒸留酒組合の会合が東京で開催されるのですが、そのときにベンチャーウイスキーさんのイチローズ・モルトがジャパニーズウイスキー・オブ・ザ・イヤーを受賞したと紹介されたのです。それまでウイスキーは大企業が造るお酒だと思っていたので、小さな蒸留所によるクラフトウイスキー事業なら、弊社規模でも参入できると知ったときには、まさに目からウロコでした」。

金龍は１９５０年に山形県酒田飽海地区の日本酒メーカー９社の出資により設立された会社だ。このためウイスキー事業への参入にも日本酒メーカー９社の社長が兼任する役員の了承が必要となる。初期投資に7億、その後も原料や樽の購入資金、人件費や各種税金に毎年約1億、3年で計10億ほどの投資が必要となり、まさに社運を賭けたウイスキー事業の提案だったが、反対する役員はひとりもいなかったという。その代わり、『世界最高水準のウイスキー』を作ることが絶対条件として提示された。

いまや日本酒業界も厳しく、その荒波をくぐり抜けてきた百戦錬磨の社長たちには、ウイスキー事業も〝品質の高いものしか生き残れない〟ということを痛切に理解していたのだ。

「私にも同じ想いがありました。そのため遊佐蒸溜所は、〝世界標準〟でウイスキー造りに挑むことを決め、その一貫として全面的にスコットランドのフォーサイス社に協力を仰ぐことにしました。一般的には、建物に対して工場の機材やレイアウトを決めるそうですが、遊佐蒸溜所ではフォーサイス社がベストと考える機材やレイアウトを構築してもらい、それに合わせる形で後から建物を設計するようにしたのです。弊社からの要望は、木桶発酵槽を採用することで、こちらは日本の桶屋メーカーが設計したのですが、材料のダグラスファーをカナダまで赴き選別するなど、本格的な木桶発酵槽を導入しています」。

もちろん〝世界標準〟は工場の設備に限ったことではなく、ウイスキー造りのノウハウについても、フォーサイス社が工場完成後に行う試運転を兼ねたコミッショニングでマスターした。コミッショニングとは、機材の動かし方やウイスキー造りの基本的知識を伝授するための2週間のサービスで、スコットランドのウイスキーの造り方を、スコットランドの企業から直接教わることができる貴重なプログラムである。もちろん予備知識として事前に、先発のクラフト・ウイスキー蒸留所の研修に参加するなど、各スタッフは万全の準備をして臨んでいる。

「ウイスキー造りを始めるにあたり、あえて未経験者だけでチームを構成しました。経験者が一人でもいると、すべてが経験者の意見に染まってしまい、その人が主導権を握った蒸留所になってしまいかねないからです。本場スコットランドの造り方を2週間かけて教わるわけですから、全員が白紙の状態からスタートした方が良策と考えたのです」。

金龍では、遊佐蒸溜所を新設するにあたり新規採用試験を厳しく設定し、優秀な人材だけを採用したのだが、なぜか女性メインのスタッフ構成になってしまったと、彼は笑う。

そしていま、日本各地に次々と蒸留所が誕生していることを、競争相手が増えたというネガティブな考えではなく、仲間が増えたと捉えている。これはお酒造りの世界では山形研醸会など、お互いに技術を開放しあったり、勉強しあったりする場が組織化されており、一致団結するという考えが受け継がれているからだ。

TLASをコンセプトにウイスキー造りに挑む

TLASとは彼が考えた遊佐蒸溜所のコンセプトで、外観は小さく（Tiny）可愛らしく（Lovely）見えるが、造るウイスキーは本格的（Authentic）かつ最高級（Supreme）のものを目指すという意味である。その実現に向けて、樽の貯蔵庫にもこだわった。ラック式ではなくダンネージ式にしたのだ。

ダンネージ式とは、床がコンクリートではなく土の貯蔵庫で、土の上に木を置いて樽を転がして積んでいく伝統的な熟成の方法だ。遊佐蒸溜所では厚い砕石の層を押し固めた上に土を被せて床にしているため、ラック式より湿度が高くなる。これは、土が湿気を放出するためで、コンクリートの道と土の道を想像すると、温度面含めて理解しやすいであろう。

「ウイスキーの味は、熟成が6〜8割を占めると誰もが言います。そのため本格的かつ最高級のウイスキー造りを目指す我々としては、〝世界標準〟と貯蔵庫にこだわる必要がありました。弊社がニューポットやニューボーンなどの販売をしないのもそのためです。イギリスの法律では、3年熟成させないとウイスキーとして認められないわけですから、海外などからニューポット（26ページ参照）を売ってくれというリクエストも多くいただきましたが、すべてお断りしています」。

山形の風土で育ったからか、彼は考え方も実直で、何より用心深い。たとえば蒸溜所の建設地選びに3年の年月をかけており、候補地の鳥海山麓には、3年間で17回も視察に訪れている。春夏秋冬それぞれの状況を確認しないと気がすまないのだ。そのため週末になると車で酒田市周辺や山の奥など十数カ所の候補地を巡っては検討を繰り返したという。

「当初は山の中のメルヘンチックな場所が候補地でした。そのような場所は土地の値段は安いのですが、道幅が狭く、工場の建設資材や設備を運ぶのにヘリコプターを使用するか、自前で道路を拡張しなければならず断念しました。いまの場所を決めるときも、空《から》の荷物で試験走行を何度も繰り返し、大型のポットスチルやマッシュタンが運べることを入念にチェックしたほどです」。

その他にも、上下水道が完備されているなど、蒸溜所の建設には水が豊富にあることが望ましい。たとえば冷却水として1時間に22トンの水が必要になるのだが、遊佐蒸溜所の井戸水は1時間に50トン以上の水量を確保できた。しかもここ遊佐町は1996年に『水の郷百選（国土交通省）』に認定されており、町のいたるところに湧水群が点在している。そのため仕込水は、伏流水である遊佐町の水道水を利用しているのだが、蒸留所を建設するにあたり遊佐町では浄化装置を新設してくれたという。

「遊佐蒸溜所では、〝世界が憧れるお酒をここ山形から〟をスローガンに掲げています。甲類焼酎の需要は95％が山形県内ですが、ウイスキーは世界を視野に最初から輸出を考えています。もちろん地元の方々からの期待度も高く、ポットスチルが工場に設置されるときには、県内の遠くの地域からも早朝から駆けつけてくださり、竣工式には商売を休んでまで出席してくれました。輸出の比率は高くなると思いますが、地元の分はしっかりと確保し、山形県内のバーに行けば必ず飲めるようにしたいと思っています」。

コンクリートではなく土の床に、木を置いて樽を転がして積んでいく伝統的なダンネージ式を採用した貯蔵庫。

スコットランドのフォーサイス社が設計した工場は、フロアーから一人ですべての工程を見渡せる効率的なレイアウトが採用されている。

マッシュタンによる糖化の工程を担当している岡田汐音さん。パネル操作で温度などを細かく調節し、糖の割合を増やすなど、少しでも良質な原酒を作るための工夫に余念がない。採用試験では社長から「私と一緒にレジェンドを造ってくれ」と言われたという。

苦難の時代を糧に、最小限の投資で蒸留所の復活に挑む

安積《あさか》蒸溜所　山口《やまぐち》 哲蔵《てつぞう》

大いなる遺産として有名な安積疏水《あさかそすい》が流れる福島県安積平野の地にある東北最古の『地ウイスキー蒸溜所』。磐梯山《ばんだいさん》から猪苗代湖を渡り、この地に届く乾燥した寒風がウイスキーの熟成に磨きをかける。『風の蒸溜所』として、2016年より稼動。

地ウイスキーブームの1980年代、『北のチェリー、東の東亜、西のマルス』と呼ばれ、北の雄として人気を得ていた笹の川酒造のチェリーウイスキー。創業250年という歴史ある笹の川酒造の十代目であり代表を務めているのが、山口哲蔵氏である。彼はその後のダウントレンドの波にのまれ、休止を余儀なくされたウイスキーの蒸留を、創業250年の記念事業として2016年に見事に復活させた。

東の東亜とは、クラフトウイスキーの先駆者でカリスマでもある肥土伊知郎《あくといちろう》氏の祖父が創業した造り酒屋の東亜酒造のことで、母体は創業1625年（寛永2年）の肥土酒造本家である。しかし2003年には経営の悪化により、埼玉県羽生市にあったウイスキー蒸留所は売却されてしまう。これにより約20年造り続けた400樽のウイスキーの原酒は廃棄されることになるが、紆余曲折の末、「廃棄は業界の損失だ」と樽を預かったのが、紛れもない笹の川酒造の山口だった。そして2005年、この原酒から生まれたのが初代〝イチローズ・モルト〟であり、伝説の幕開けへとつながるのだが、当時はこのようなドラマチックな展開を誰が想像しただろうか？

「ウイスキーは時間の賜物なんです。育てるのに10年も20年もかかるわけです。原酒を廃棄するというのは、ウイスキーのことを知らない人が考えた悲劇以外のなにものでもないのです」。

残念ながらウイスキーのことを知らない人の方が多いのが現実だ。たとえば、世界で流通しているウイスキーの多くはブレンデッドウイスキーで、複数の蒸留所のモルトウイスキーとグレーンウイスキーをブレンドして作られている。

モルトウイスキーの造り方は既に説明（22ページ参照）しているが、麦芽を原料とし、発酵させ、ポットスチルと呼ばれる単式蒸留器で2回蒸留した後、木製の樽で熟成させたウイスキーのことである。ちなみに1つの蒸留所で作られた複数の樽のモルト原酒をブレンドしたウイスキーを『シングルモルト』、複数の蒸留所で作られたモルト原酒をブレンドしたウイスキーを『ヴァッテドモルト』という（27ページ参照）。

また、『グレーンウイスキー』は、麦芽とトウモロコシ、ライ麦、小麦などの穀類を原料とし、連続式蒸留器で蒸留した後、木製の樽で熟成させたウイスキーのことだ。軽くて穏やかな風味から、『サイレントスピリッツ』とも言われている。ジョニーウォーカーやバランタインなどもブレンデッドウイスキーの製造メーカーで、経験豊富な職人によりブレンドされて商品化されている。

「弊社も地ウイスキーブームが終わり、低迷期のときに蒸留所を休止してからは、原酒を仕入れてブレンデッドウイスキーを細々と販売していたのですが、自分たちの原酒でジャパニーズ・ウイスキーを販売したいという酒造メーカーとしての自負もあり、蒸留所を再開することに決めました。次世代蒸留所が生まれる中、単に原酒を輸入してブレンドするのではなく、自社の蒸留所の原酒というバックボーンが価値につながると考えたのです。また、肥土さんから誘われていたこともあり、心強い協力者がいたことも私の背中を押してくれました」。

ブレンデッドウイスキーの製造もウイスキーメーカーの大切な役割のひとつなのだが、海外から輸入した原酒だけをブレンドし、〝ジャパニーズ・ウイスキー〟として販売するのは間違いだと彼は指摘する。

こうして肥土伊知郎氏の全面協力のもと、蒸留所設立に向けて大きく舵を取ることになったのだが、潤沢な資金があったわけではない。しかも、地ウイスキーブームのときの生産設備は古すぎて使えない。そこで蒸留所の建物は日本酒の貯蔵用の蔵を改造し、発酵槽も清酒用のタンクを流用するなど、まずは最小限の設備からスタートさせることにした。新規に購入した設備はポットスチルとマッシュタンのみ。あとは地元で調達するなど、お金をかけない工夫をした。

「マッシュタンなどタンク周りの高所作業台はすべて木製です。金属で作ると設備を増設したりレイアウトを変えたりしたいときなど、変更や流用が利かずに不便なのです。はしごも取り外せて、どこからでも昇り降りができるようになっています」。

これらの設備は、日本酒の時代からお世話になっている地元の業者に依頼し、すべて自前で用意した。もちろん業者もウイスキー造りに携わるのは初めてということで、秩父蒸溜所で仕事の流れや動きなどを勉強したという。地元の業者の利点は、不具合があればすぐに駆けつけて修繕してもらえることだ。また、福島の気候や温度に精通しているため、真冬でも水周りが凍結して作業ができなくなるということは絶対にない。

「重厚感のあるしっかりしたタイプのウイスキーを目指して、ポットスチルを設計しました。しかも初留釜のサイズは、秩父蒸溜所と全く同じです。これは蒸留所を始めるにあたり、技術的な支援を肥土さんにお願いした際、『サイズが変わると教えられない』というお言葉をいただいた背景によるものです。必然的に、1日にバーボン樽(約200リットル)で1樽の生産量ということになりました」。

その土地々々の気候がウイスキーの個性を創る

樽に詰める前の蒸留したての原酒のことをニューポットと呼ぶが、最終的にニューポットの味がウイスキーに残るのは3〜4割、残りは貯蔵条件やその土地々々の気候が決める世界だと、彼は考えている。地酒と同じで、ウイスキーもその土地々々の味に変化するため、どんなに蒸留所が増えたとしても同じ味にはならないと言うのだ。

「まさにクラフトウイスキーなのです。しかも、ポットスチルの形状でニューポットの味も変わってきます。ここ何年かで各蒸留所から最初のモルトウイスキーが出始めるので、飲み比べをするのが今から楽しみです」。

このようにウイスキー造りにとって、貯蔵の工程は非常に重要な位置づけとなる。時間に換算すると、99%以上を占めることになるわけだが、この工程がウイスキー造りのハードルを上げているとも言える。20年や30年モノのウイスキーを世に出すとなると、それまでの期間、増え続ける樽の貯蔵庫を建て続けなければならない。そのための資金が必要となり、リスクも大きくなる。しかし、これを乗り越えないとウイスキー造りは始まらないし、始めたからには簡単にはやめることはできない。相当な覚悟がなければ参入できない世界なのだ。

「お酒は文化なのです。文化を背負うという志や信念のない人は、手を出さない方が良いかもしれません。たとえば本業が好調だからと参入するのはいいですが、30年先もいまと同じように好調だという保障はないのです。しかし、ウイスキー造りを始めるには、そこまで先を見据えていないと商売として成立しないと思っています」。

世の中の製造業のほとんどは、『いかに在庫を減らすか』ということを第一に考える。しかし、ウイスキー造りでは、『在庫を増やし続ける』という製造業では考えられない真逆の行為を、自らの意思で続けていかなければならない。当然、貸借対照表の在庫の量は、年々異常なほど増え続けるが、これが商売にとっては大きなリスクになる。

会計の世界では、『在庫＝資産』なのだ。しかも『資産＝お金』と考えるため、手元に現金がないにもかかわらず決算書上では黒字に見えてしまうというわけだ。

「ウイスキーには〝天使の分け前〟（26ページ参照）があるため、現在の在庫量と10年後の在庫量は、イコールではありません。見かけの在庫と実在庫が半分近く違う場合がほとんどというわけです。しかも樽によってそれぞれ熟成が異なるため、使えない原酒や漏れてゼロになっている樽もあるかもしれません。日本酒で液体在庫の経験はあるのですが、ウイスキーはそれ以上に難しいと思います」。

それでも彼がウイスキー造りを再開する理由は、世界を見据えているからだ。実は蒸留所を始める前から、「再開したら全部売ってくれ」と、フランスからオファーをもらっていたという。それほど、世界的に原酒不足であり、ジャパニーズ・ウイスキーの需要の高さを肌で感じたことによる挑戦に他ならない。

「再開してもすぐには出せないと伝えると、フランスの商社は『5年待つ』と言ってくれました。いまは昔と違い、価値に見合った価格設定になっていますが、地ウイスキーブームのときは、特級、1級、2級とランク別の安売りの世界だったのです。この〝安売り〟がウイスキー業界をダメにした原因だと思っています」。

一説だが、大手ウイスキーメーカーが昔の商品ラインナップに戻るまでには20年近くかかるとも言われている。実際、原酒不足を理由に、サントリーの『白州12年』、『響17年』、『白角』が販売を休止している。しかも世界におけるジャパニーズ・ウイスキーのシェアは4％ほどで、まだまだ市場としては伸びる余地があると彼は考えている。

「いまやウイスキーの市場は、大手メーカーだけのものではなくなってきていると思います。イチローズ・モルトが良い例ですが、私たちのようなクラフト蒸留所に対する世界からの要望は確実に増えていますし、これからも続くと予測されます。あくまで私個人の見解ですが、ジャパニーズ・ウイスキーの強みは、〝角のない丸い仕上げによる口当たりの良さ〟なのです。『日本酒的』というと表現が正しいかわかりませんが、これは優れたブレンド力によるものだと分析していますし、弊社のウイスキーのブレンドにも、日本酒の醸造技術ときき酒で培った技術が生かされていると思っています。そして、このような素晴らしいジャパニーズ・ウイスキーの文化や歴史を汚すことなく継承していくことが、我々の責任であると強く感じています」。

少し丈の短いストレートタイプのポットスチル。重厚でしっかりした酒質が特徴。初留釜は2,000リットルと秩父蒸溜所と同じサイズに設計されている。

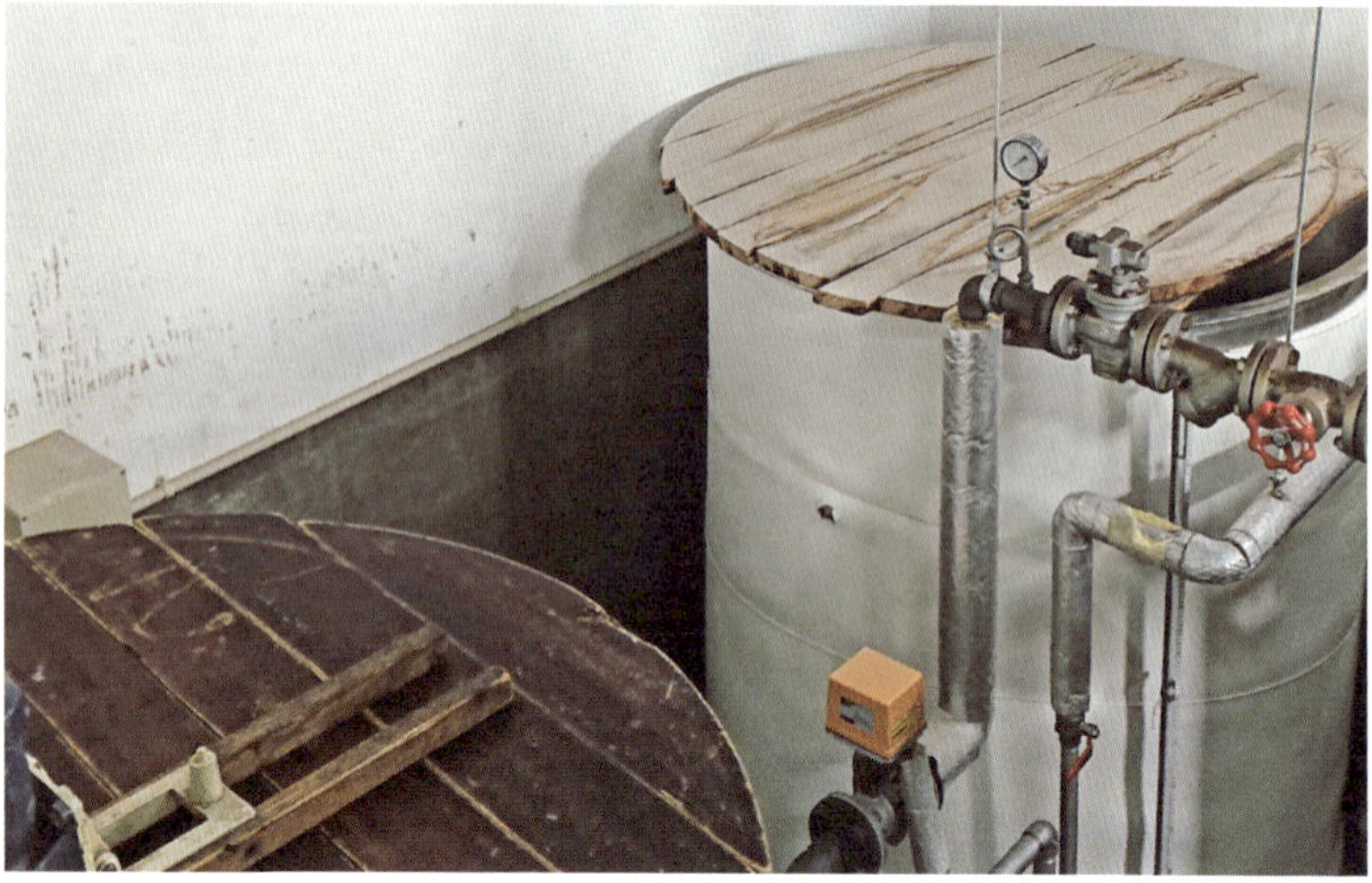

清酒用のタンクを流用した発酵槽。外気の温度の影響を受けないように、タンクに断熱材を巻いている。これは日本酒の世界では一般的な手法だという。2019年の夏からは、木桶の発酵槽の導入を予定している。

肥土伊知郎氏から預かった樽も保管されていたという貯蔵庫。その樽の一部は、今でも残っており、見学コースの撮影スポットになっている。

粉砕した麦芽に温めた仕込水を加えて甘いジュースのような麦汁を作るのが糖化の工程だが、麦芽の搾りかすは、市の農林部長が探してくれた酪農家に引き取られ、牛の飼料として再利用されている。廃棄にはお金がかかるためWin-Winの関係だ。

地元産の国産麦や農産物を使った 真のジャパニーズ・ウイスキー造りに挑む

額田《ぬかだ》蒸溜所　木内《きうち》 敏之《としゆき》

木内酒造合資会社

　フクロウのロゴで有名な常陸野ネストビールを生産している木内酒造(資)額田醸造所。その一部で 2016 年よりウイスキーの蒸留を開始したのが額田蒸溜所だ。2019 年の秋頃から新蒸留所として八郷蒸留所も稼動する。

1950年代で栽培が終了していた日本のビール麦『金子ゴールデン』を地元農家の方々とともに復活栽培することで、茨城県産の原料を使用する真のジャパニーズ・ウイスキー造りに挑むのは、木内酒造取締役の木内敏之氏である。

江戸時代創業の蔵元として日本酒を生産してきた木内酒造は、1994年に施行された細川内閣の規制緩和と夏場の雇用の安定、茨城県がビール麦の日本一の産地という背景がきっかけとなり、1996年に常陸野ネストビールを発売する。ビール好きなら誰もが知るフクロウがロゴのクラフトビールだ。

「現在は日本で使用されるビール麦の多くが輸入品になってしまいましたが、1947年頃までは国産が中心で、国産ビール麦の27％を茨城県で生産していたという歴史がありますす。しかもここ常陸野は、茨城県の中でも麦の生産の中心地だったのですが、1955年のGATT（関税と貿易に関する一般協定）の加盟により貿易の自由化が進み、衰退してしまったのです。そこで、すでに栽培が終了していた日本のビール麦『金子ゴールデン』を地元の農家の方々と栽培契約することで復活させることにしました。これは原材料にこだわるという木内酒造の企業理念でもあります」。

　こうして木内酒造は、１００年以上前のビール麦『金子ゴールデン』の再生プロジェクトを立ち上げる。２００７年には、アメリカ農政省の関連団体に保存されていた『金子ゴールデン』の苗を12株入手し、そこからわずか2年後の２００９年にはビール造りに必要な収穫量まで生産を伸ばすことに成功する。そして誕生したのが、日本産の原料にこだわったクラフトビール『常陸野ネストビール NIPPONIA』である。

　このように書くと順風満帆のようだが、実はビール醸造には適さない大麦が発生してしまうという問題が起きていた。一部の大麦は、タンパク質の含有量が多く、ビール向きではなかったのだ。そこで、この大麦をウイスキー造りの原料に使えないかと考えた。蒸留するという特徴に着目したのだ。そして最近では、金子ゴールデンだけでなく、新品種アスカゴールデンの生産にも成功している。

「額田蒸溜所では現在、原料となる大麦などの穀物の内4割程度に茨城県産のものを使用してウイスキー造りを行っていますが、新設する八郷蒸溜所では全ての原料に茨城県産のものを使うことで、正真正銘のジャパニーズ・ウイスキー造りを目指します。私が考える真のジャパニーズ・ウイスキーとは、日本の穀物を原材料に使用し、日本で蒸留するものなのです」。

木内酒造ではジャパニーズ・ウイスキー造りをより追求するために、２０１９年の秋頃から筑波山の麓で八郷蒸留所を新たに始動させる。茨城県石岡市須釜にある鉄骨2階建ての旧小幡地区公民館を約４億円の資金を投資して、ウイスキーの醸造・蒸留所（建物面積約1千平方メートル）として改修した。生産能力は、額田蒸溜所の12倍にも及ぶ。

県内の観光地や茨城県フラワーパーク（石岡市）と近接しているなどの利点も生かし、周辺地域への観光客の取り込みを図るなど、今後は見学コースも充実させる予定だという。

過去の経験から学んだブームへの対処法

１９９５年から始まった〝地ビールブーム〟。全国各地に小規模醸造所が続々と開設され、地ビールメーカー各社は一日でも早くブームにのるために開発と発売を急いだのだが、結果的にこれが自滅への道をたどることになる。とりあえず醸造設備を導入しただけの地ビールメーカーが、製造技術の確立を待たずして地ビールを発売したため、ビールの品質が安定せず、次第に消費者の間で『地ビールは高くてまずい』というイメージが浸透してしまったのだ。

「中途半端な品質のウイスキーを出したら必ず失敗することを、我々は地ビールで体験して知っているわけです。しかも日本は12年サイクルでブームが変わる国です。ウイスキーブームが3年続くとして、品質が悪かったら、いまはブームで飲んでくれたとしても、『おいしくない』と言って去っていくんです。それは地ビールブームでも、清酒ブームでも同じでした。焼酎ブームは比較的長く6年くらい続きましたが、これは本気で美味しい焼酎を造るために各メーカーが頑張ったからだと思います」。

地ビールブームのときに誕生した400社ほどの小規模醸造所のうち、生き残ったのはわずか170社程度。230社ほどが倒産や廃業に追い込まれている。

そして生き残ったメーカーに共通していたのが、ビジネスに対して明確なビジョンを持っていたことと、市場がいま何を求めているのかを正しく理解し、供給できる技術があったことだと分析している。

「地ビールブームのときは、地ビールと名前が付けば、何でもかんでも売っていました。それと同じことが、今回のジャパニーズ・ウイスキーブームでも起こらないことを願うだけです。我々がニューポットを発売していないのもそのような背景があるからです」。

地ビールブームだが、その後2000年代に入り、第1次ブームを生き残った地ビールメーカーの一部が地域ごとの特色を取り入れた『美味い』ビールを造り始めるなど、実力と個性を兼ね備えた小規模醸造によるクラフトビールの第2次ブームが生まれることになる。もちろん常陸野ネストビールもその中のひとつである。

そして現在、大手メーカーがクラフトビール専門の醸造所と飲食店を併設したブルワリーパブを開業するなどクラフトビール市場に参入し、第3次ブームが起こっている。

オリジナルの技法による、多様性のあるウイスキー造り

常陸野ネストビールは、世界50カ国で愛飲されている。この成功の大きな理由のひとつが、

日本でしかできないものを、日本の感性と考え方で造っているからだと彼は語る。世界でドイツのビールが売れているからと、日本のメーカーがドイツとそっくり同じビールを造っても、世界で需要は生まれないと言うのだ。

「ウイスキーも同じです。日本のウイスキー工場が、スコットランドの蒸留所に限りなく似ているとか、スコットランドと同じ製法である必要性はないのです。私たちは日本のウイスキーメーカーなのですから、他国を意識することなく日本でしかできないものを、日本の感性と考え方で造ればいいのです」。

クラフトビール造りに挑戦したときも、ノウハウのない中、自社でビールの研究を行い、試行錯誤の末に自社のレシピを完成させた経緯を持つ。しかも商品化した1年後の1997年には、インターナショナルビアサミットのダークエール部門で『常陸野ネストビール アンバーエール』が1位を獲得している。ウイスキー造りでも、日本らしさを追求したオリジナルの流儀で取り組んでいるのだ。

「ウイスキーには多様性も重要になります。たとえば額田蒸溜所ではポットスチルに効率面や品質面で評価の高いハイブリッド蒸留器を選びましたが、八郷蒸留所では単式でしかも大型のポットスチルを導入しました。その他の設備も大きく違います。八郷蒸留所はウイスキー専用工場になりますので、マッシングの仕方も、発酵も、酵母もすべて異なります。これがまさに多様性で、額田蒸溜所と八郷蒸留所は別の蒸留所になるので、同じにする必要はないのです」。

将来的には、オリジナリティと多様性をより打ち出すために、小麦や米、栗や蕎麦などの日本の大麦以外の穀物によるウイスキー造りにも挑戦したいと彼は語る。

「バーボンは麦芽の代わりにコーンを使用しますが、ウイスキーは多様性があることから挑戦のしがいがあると感じています。そのため弊社でもいろいろな日本の穀物で実験を行っています。また、弊社の発酵技術を活かすことで、発酵したフレーバーをどう取り出すかということにもチャレンジしています。これからの大きなテーマになると思っています」。

仕込みタンクは、ビールと兼用しているためステンレス製。一基で6,000リットルの仕込みが可能。

スペイン製のシェリー樽、アメリカ・シカゴのクラフト蒸留所〝コーヴァル蒸留所〟で使用されていたバーボン樽、十勝ワインで使用されていたワイン樽、アメリカ製の新樽、木内酒造オリジナルの桜樽などバラエティに富んだ樽を使用している。

発酵を終えたモロミをハイブリッド蒸留器で蒸留するのだが、このサイズだと１回の蒸留で発酵タンク半分の量までとなる。残りは翌日になるのだが、ビールを1℃まで下げるビール工場特有の技術を活かし、モロミを1℃まで冷やすことで、翌日でも最適なモロミの状態で蒸留を行うことができる。

木内酒造に入社してからお酒造りを学んだヨネダ・イサム氏。最初の１年間でビール造りを学び、額田蒸溜所ができてからはウイスキーとビールの両方を担当している。新設する八郷蒸溜所のメインメンバーとして活躍が期待されている。

好きだから挑む。異業種から、ウイスキー造りに挑戦した異端児

ガイアフロー静岡蒸溜所　中村《なかむら》 大航《たいこう》

豊かな自然に囲まれた静岡の奥座敷〝オクシズ（奥静岡）〟に建設。杉とヒノキをふんだんに使用し自然と一体化した蒸留所は、約 20,000 ㎡の敷地にポットスチル 4 基が入る蒸留棟と貯蔵庫が建つ。2016 年 10 月より稼動。

ガイアフローは、中村大航氏が精密部品の製造会社で代表をしていた頃、再生可能エネルギーの小売り業を営むために設立された。社名は、『地球は1つの生命体』というガイア仮説の『ガイア』と、生生流転をイメージする『フロー』を組み合わせて名付けられた。そんな経歴の会社が、ウイスキー造りに挑むことを誰が想像しただろうか?

実は、再生可能エネルギーのビジネスにガイアフローは参入していない。家庭向け電力の販売自由化が、2013年から2016年まで延びたことが理由である。新規事業への参入プロジェクトから解放された彼は、もともとウイスキーの愛好家だったこともあり、この機会にプライベートでスコットランドの蒸留所を巡る旅に出る。そこでたまたま訪れたスコットランドの『キルホーマン蒸留所』に感銘し、ウイスキー造りへの参入を決めるのである。

「ものすごく小さな蒸留所でした。世界的に有名で人気のウイスキーが、当時代表を務めていた精密部品会社よりも狭い敷地面積と小規模の設備で造られていたのです。しかもこんな田舎町から世界中に販売されていたという事実に非常に驚かされました。精密部品会社のような下請けと違い、一般ユーザー向けの商品は、『ルイ・ヴィトン』に代表されるように伝統とブランドが認められれば、企業価値は飛躍的に向上します。パリを訪れたときにルイ・ヴィトンに並ぶ大勢の観光客を目の当たりにし、自分も世界に通用するブランドを創造したいと考えたことがきっかけで、ウイスキー造りに挑戦することにしました」。

彼はなぜ、ウイスキーを造れると思ったのか？　彼にとって、精密部品会社で半導体や航空宇宙関係のセンサーを造ることと、ウイスキーを造ることは、製造業というくくりの中では同じことなのだ。単にジャンルが違うだけで、長年培ってきた製造業というＤＮＡの根幹に違いはないと、蒸留所で働く人たちを見て確信したという。

「精密部品会社では、トヨタ生産方式などを採用し、効率化とコストダウンに神経をすり減らしていました。しかしウイスキー造りは自然と向き合い、自然との対話の中から生まれます。正直、効率がすべてではないという世界に憧れた部分もありました」。

そんな彼がウイスキー造りを始めるにあたり、頭に思い浮かべた人物は一人しかいなかった。世界が認めるウイスキー〝イチローズ・モルト〟を生み出し、ベンチャーウイスキーの代表でもある肥土伊知郎《あくといちろう》氏である。早速相談を持ちかけ、その時にいただいた「まずは、思い切って業界に飛び込んでみたら？」という言葉に背中を押されたという。

そしてガイアフローは、ウイスキーの輸入代理店として始動することとなる。卸業者として全国の酒屋と取引をすることで販路という地盤固めをすることが、異業種から新規参入した自分たちにできる唯一のビジネスモデルと判断したのだ。

しかし新参者が簡単に受け入れられるほど、ウイスキー業界は甘くはなかった。スコットランドのウイスキーの多くは、既に代理店を通して日本に輸入されており、輸入したくても輸入できるブランドが見つからないのだ。

そんなとき、たまたま東京でウイスキー専門のボトラー会社ブラックアダーの代表ロビン・トゥチェック氏を見かける。イベントなどで顔だけはよく知っていたため、反射的に「ウイスキーの蒸留所の作り方を教えてください」と、声をかけていたという。

「相談しているうちに、輸入代理店をやってくれないかと提案されました。荷が重くて最初は断ったのですが、最終的には２０１３年の４月から営業を開始することにしました。しかし、最初の１年間はＦＡＸやチラシ営業をしてもほとんど売れませんでした。ガイアフローを知らない方も多く、様子見だったのだと思います。実際、注文の電話は滅多に鳴らず、3名いた事務スタッフのうち2名は、このままつぶれると思ったらしく、辞めてしまいました(笑)」。

ウイスキーで有名な酒販店は、全国でも数が限られていた。そこで彼は、地道に1軒1軒訪問営業をして回ることにする。

「中村大航ですと挨拶をすると、『お得意さんの中村さんが訪ねて来た』というところから始まるんです。それまではお客としてたくさん購入していましたから(笑)。しかし、本題のブラックアダーの輸入代理店を始めた話に対しては、一様に驚かれるものの注文にはつながらず、ブラックアダーの大ファンというバーでさえ、注文が来たのは1年後でした」。

この頃はまだ精密部品会社の代表と兼任していたため、二足のわらじの状態に限界を感じていたという。実際、周囲からは社長の趣味や娯楽程度としか受け取られていなかったようだ。そこで彼は一念発起して、現在の中途半端な状態を打破するためにも精密部品会社の代表を父親に譲り渡し、ウイスキー一本に専念する決意をする。

「NHKの『マッサン』が転機になりました。2014年9月に放送が始まった途端、ウイスキーブームが到来し、需要の上昇に供給が追いつかない状況になったのです。注文がどんどん入るようになり、それまで売れなかった在庫が一気にはけました」。

周囲からは、単なる夢や趣味と思われていたウイスキー造りへの挑戦

ウイスキーが好きという理由だけでウイスキー造りに新規参入した彼だが、最初のうちは蒸留所を作るという目標が、風車を巨人と思い込んで突き進んだドン・キホーテと思えるほど、口に出すのも恥ずかしかったと語る。それでも輸入代理店を始めた2013年には、既に蒸留所のための土地探しに着手していた。1年が経過した頃、地元の不動産会社から紹介されたのが、現在ガイアフロー静岡蒸溜所が建つ静岡市の土地である。静岡市としても20年以上前に山を削って更地にしたこの土地の活用が長年の懸案だったこともあり、蒸留所の設立は行政を巻き込んでの一大プロジェクトとなった。実際、蒸留所建設の発表は、静岡市長との共同記者会見で行われた。

「蒸留所を作るときに重要視したのは、地域性を取り込んだ地元に根差した特徴あるウイスキー造りです。山中にあるこの場所は、誰の目にも林業が盛んな地域だとわかります。そこで森林資源を活かす静岡の風土に根ざした、自然と調和するウイスキー造りを目指すことにしました」。

スコットランドの真似ではなく、一目見ただけで、静岡蒸溜所とわかる蒸留所を作りたかったと語る。設計は静岡に15年以上暮らすアメリカ人の建築家に依頼し、オクシズで育った杉とヒノキをふんだんに用いた蒸留所の建設が始まることとなった。

「地元の木材を内装に使用するだけでなく、木桶の発酵槽を採用して地元の杉を使うなど、静岡らしい味わいを求めました。さらに、ニッカウヰスキーの余市蒸溜所が石炭の火で蒸留していたことを思い出し、地元の薪の火で蒸留するポットスチルを検討することにしました。燃料に薪を使えば、地元にお金を還元することができます。実際に蒸留してわかったことですが、同じ原料の麦芽や酵母を使っているにもかかわらず、全く味が違うのです。これには携わった

すべての人が驚かされました」。

薪の直火で蒸留するという発想は泡盛やブランデーの世界では事例はあるが、ウイスキーでは現在していない。ここでもまた新たな挑戦を選択することとなる。

まずは、沖縄でパン屋を営む友人に相談することにした。陶芸家の経歴を持つ彼は、自分で作った窯でパンを焼いているが、熱の周波数や伝わり方、エネルギー量がまったく違うことから特定の薪しか使用していないらしい。そんな火へのこだわりを持つ友人からの後押しもあり、最終的には東京の人形町にあるピザ窯業者に行きついた。もちろんウイスキー蒸留用の窯の制作は未知の世界だったが、余市蒸溜所のかまどの形状を分析したり、薪ストーブの設計者と構造を検討したりして、世界で唯一となる薪の直火で蒸留するポットスチル用の窯を作り出すことに成功した。

「2018年末からは見学ツアーもスタートしました。2020年には地元の名産を物販したり、飲食スペースを設けたりしたビジターセンターも予定しています。蒸留所の周辺には、油山温泉や梅ヶ島温泉など江戸時代から続く有名な温泉街もあります。団体客にも対応できるように、地域とコラボレーションすることで観光客の誘致につなげていきたいと考えています」。

原酒の品不足により、いまのウイスキー業界はバブルのような状態だという。2020年を超えたあたりからウイスキーの供給量は安定し、5〜6年でブームは沈静化していく方向に変わると予測する。

「日本だけでなく、スコットランドやアイルランドなど世界中でウイスキーの蒸留所が誕生しているいま、ジャパニーズ・ウイスキーというだけでは生き残れないと思っています。近い将来、蒸留所としての個性やブランドで勝負する時代が必ず到来します。適切な値段と高いクオリティーが求められ、カスタマーが選ぶ時代です。海外のウイスキーマニアの中には、一口にジャパニーズ・ウイスキーと言っても、日本の蒸留所で造っているのか、原酒を輸入してブレンドしているだけなのか、背景を知ってから購入する人たちも登場し始めています。今後は非常にシビアな目で評価される立場になると思っています。新しく生まれた蒸留所という単なる話題性だけでなく、ジャパニーズ・ウイスキーは美味しいと言ってもらえるだけのクオリティーを最低限でも確保することが、いまの自分の責任であり使命だと考えています」。

木桶の発酵槽。8基のうち4基がベイマツ、残りが地元の静岡の杉から作られている。木には乳酸菌が住みついており、乳酸菌発酵により良質なモロミが得られる。

熟成庫は、天窓を設けることで自然光を取り入れ、温度変化を大きくする工夫をした。写真のポットスチルは、軽井沢蒸留所で使われていたもの。

テイスティングルームから、ウイスキーを試飲しながらポットスチルなどを一望できる。写真は、初留用に使われている薪式のポットスチル。この他に軽井沢蒸留所から移設されたポットスチルと、再留用のポットスチルがある。

2011年に閉鎖されたメルシャン軽井沢蒸留所で使われていた、30年以上も昔のイギリス製のモルトミル。静岡蒸溜所では、2015年に競売にかけられた軽井沢蒸留所のモルトミルやポットスチルを落札し、いまでも現役として活用している。

進化とは生き残りをかけた戦い。
新たな伝統を築くための果敢な挑戦

マルス信州《しんしゅう》蒸溜所　折田《おりた》 浩之《ひろゆき》

1985年に日本アルプス山系の駒ヶ岳の麓に竣工。蒸留所としては日本一の標高798mの地に在る。2020年9月の完成を目指し、約12億円を投じてウイスキー蒸留棟兼樽貯蔵庫とビジター棟を新設し、ウイスキー生産設備の増強を図る。

成長戦略としてウイスキー事業を強化・拡大している本坊酒造において、津貫蒸溜所、穂坂ワイナリーの建設プロジェクトの責任者として従事した折田浩之氏。次に彼が任されたのは、約12億円を投じた信州蒸溜所の進化のためのプロジェクト、ウイスキー生産設備の増強だった。

第一次地ウイスキーブームが到来した１９８０年代より、多くの根強いファンをもつマルスウイスキー。次世代蒸留所が次々と誕生している今、老朽化した設備を改修し、２０２０年に向けて生産体制の拡充を図っている。信州蒸溜所が山梨時代より半世紀以上の長い年月をかけて受け継いできた伝統を壊すことなく、現代の手法で創造を積み重ねているのだ。

一般的に世の中では、受け継がれてきた伝統を守り続けることに好印象を受ける風潮が今も根強い。しかしながら、ウイスキー造りにおいては、これまで培ってきた枠を打ち破ってでも未来に向かって一歩を踏み出さないことには何も始まらないのだ。

「プレッシャーもありますが、蒸留所も先を見据えて日々進歩していかなければならないと思います。今回、古い鉄製の発酵槽から木桶やステンレス製の発酵槽に更新することで、当然『酒質の変化』が考えられます。それは技術的な進歩の証であり、酒質の向上につながるものと信じて決断しました。新しい信州の伝統を創造するという意味においても、いまのタイミングがベストだと思っています」。

信州蒸溜所では、ウイスキーの仕込水として地下120mから汲み上げた水を使用している。この水は、標高3000m級の山々に降り注いだ雨や雪解け水が花崗岩《かこうがん》質の地層でろ過された良質の天然水である。

蒸留棟兼樽貯蔵庫が新設される現場を掘削すると、この花崗岩が次々と姿を見せ、大きいものでは200トンにもなる。これらの石を砕く作業だけでも1カ月はかかるという。まさに新蒸留棟の建設は、大量の花崗岩との戦いでもあるのだ。

細かく砕かれた石は、敷地内の入り口にある窪地の埋め立てに利用する。敷地内の林だったエリアの窪地を平たんにしてお客様用の駐車場に作り変える計画なのだ。実は、1985年に信州蒸溜所を建設するときも同じような状況だったというが、石が大量に積まれた現場を目の前にすると、わずか一年後の2020年に、この地で最新の蒸留棟兼樽貯蔵庫が落成しているとは想像もつかない。

SUMITOMO

「新蒸留棟に移設する設備は、ポットスチルと去年の冬に導入した木桶の発酵槽だけです。糖化の工程に使っている三宅製作所製のマッシュタンは竣工当初のものですが、新しく導入されるマッシュタンは、その頃と比べ格段に改良されて進化しているわけです。これらの設備を一新することで、良質な麦汁を得られ、精度や安定性が高まることは十分に考えられると思っています」。

今回のリニューアルの目的は、老朽化した設備を改修することにより、生産性や品質を向上させることにあるが、実はもうひとつ別の目的もある。それは、ブランドの魅力を発信する生産拠点としての『観光振興による地域への貢献』だ。近年、ジャパニーズ・ウイスキーへの国内外での人気の高まりが、蒸留所を起点とするウイスキーツーリズムの活性化につながっている。海外から多くの観光客が訪れるサントリーの山崎蒸溜所やニッカウヰスキーの余市蒸溜所、宮城峡蒸溜所だけでなく、日本各地に誕生した次世代蒸留所を起点とするウイスキーツーリズムが観光スポットとして脚光を浴びているのだ。

「信州蒸溜所は、予約なしで自由に見学できます。実際に足を運んでいただいたお客様のために、森に囲まれたヒュッテ（山小屋）をイメージしたビジター棟も新設いたします。最新の蒸留棟では、団体のお客さままでもストレスなく見学できるように配慮し、ビジター棟では常時ウイスキーを試飲していただけるようになります」。

嗜好品であるウイスキーは、ブランドで愛飲されるお客様が多い。だからこそ、ウイスキーツーリズムで訪れるお客様へのおもてなしは重要だと考えている。信頼できる、飲み慣れている、有名だからというさまざまな理由でブランドは選ばれるわけだが、いま誕生している新世代蒸留所から〝目新しさ〟という話題性がなくなったとき、ウイスキーブランドとして生き残っていくことは、決して容易なことではない。

「ウイスキーの需要が激減した時期は、信州蒸溜所でも蒸留を休止していましたが、貯蔵してある原酒でウイスキーの製造を続けていたからこそ、世代を超えてマルスを知ってくれているわけです。２０１１年に蒸留の再開を発表したとき、市場から好意的に受け入れられたのは、このようなバックボーンのおかげだと思っています」。

いったん休止した蒸留を再開させることは、19年というブランク以上に、技術的な部分において、想像以上の苦労があったという。特に信州蒸溜所には、岩井喜一郎氏が設計したポットスチルを継承し続けているという目には見えないが脈々と受け継がれてきた技もある。その技を新しい製造技術者に引き継ぐにも、継承できる人間が不足しており、まさに崖っぷちのタイミングだったというのだ。

このような状況の中、本坊酒造の常務取締役で竣工当時、信州蒸溜所の製造責任者でもあった谷口健二氏（現専務取締役）の指導により、若い世代が少しずつでも経験を重ね、伝統を引き継ぐことで、新しいことにもチャレンジできるまでに育ってきた現状に、「将来に希望がつながった」と彼は語る。

「個人的な見解ですが、いまジャパニーズ・ウイスキーが世界で評価されている大きな要因のひとつに、〝香りの華やかさ〟があると思っています。これは、日本的な丁寧な仕込みやメンテナンスの細やかさ、日本ならではのメリハリのある四季、そして良質な水という相乗効果から生まれるものだと思っています」。

熟成によりウイスキーは深化する。進化ではなく、深く進行させる『深化』が、造るテクニック以上に重要だと話す。ワインで例えると、チリやオーストラリア産の南のワインは果実味があり飲みやすいが、ボルドーやブルゴーニュなどの銘醸地のワインとは同じ味にはならない。そこの土地でないと出せない味があるというのだ。ウイスキーなら、屋久島エージングセラーのような南に位置する場所で貯蔵すると熟成が早くトロピカルな味わいになり、信州の冷涼な地で貯蔵すると繊細な熟成になるという。

「ウイスキーがビールなどの他の酒類と決定的に違うのは、熟成させることとです。造っても樽で3年以上の熟成期間を要し、仕込みのたびに原料費や樽の購入代、人件費が必要となります。このため投資金額を回収できるまでの期間が長く、これが経営を難しくしている部分だと思っています。たとえば信州蒸溜所だけで、バーボンバレルのような小さい樽が年間で600〜700樽ぐらい必要になるわけです。津貫蒸溜所と合わせたら、年に約1500樽。それを10年貯蔵したら保有量約1万5000樽になります。もちろんその間にも製品化しますが、長期的に高い品質を維持していくには、熟成を重ねた多彩な原酒を確保することが優先されます。このように長期投資の覚悟で、バランスを考えることがウイスキー造りの難しいところなのです」。

いまや世界でも珍しい鉄製の発酵槽。2018年の冬から木桶も導入。木桶は引き続き新設される蒸留棟でも使用される。

本坊酒造の社長である本坊和人氏が、同じく社長を務める南信州ビールは、1996年に長野県第1号のクラフトビールメーカーとして誕生。信州蒸溜所の敷地内に南信州ビール駒ヶ岳醸造所はあり、設備をガラス越しに見学できる。

竹鶴政孝氏と共に国産ウイスキーの創生に尽力した岩井喜一郎氏が設計したポットスチルの２代目。クリーンでリッチな原酒を生みだす。歴史的系譜からも、このポットスチルからも、伝統を継承しながらも創造を積み重ねてきた企業姿勢が伺える。

本坊酒造が所有する樽貯蔵庫のひとつ、信州蒸溜所の第一樽貯蔵庫。適度な湿度を含む澄んだ空気の寒冷地から生まれる自然環境により、津貫蒸溜所の石蔵樽貯蔵庫や屋久島の屋久島エージングセラーとは違った熟成となる。

生産設備まで自社開発する、固定観念を超えたウイスキー造り

三郎丸蒸留所　稲垣《いながき》 貴彦《たかひこ》

富山の地酒として幕末の1862年から酒造りを営む若鶴酒造は、北陸で唯一のウイスキー蒸留所として1952年に三郎丸蒸留所を誕生させる。その後大火災に見舞われたが、地域の人々の助けにより奇跡的に復興・再開し、いまに続く。

1952年にウイスキーの製造免許を取得した若鶴酒造。ピーテッドモルトのウイスキー造りに特化し長い歴史を持つが、生産設備や建物などの老朽化が進んでいた。そんな中、ウイスキー造りに情熱をかけ、三郎丸蒸留所の改修プロジェクトに立ち上がったのが、若鶴酒造5代目の稲垣貴彦氏である。

北陸唯一の蒸留所であり、歴史ある三郎丸蒸留所だが、老朽化が激しく雨漏りがするなど、内情は実に瀕死の状態であった。このままだとウイスキー造りができなくなってしまうと危機感を覚えた彼は、『三郎丸蒸留所改修プロジェクト』として、資金確保に向けたクラウドファンディングによる支援を呼びかけた。

クラウドファンディング（Crowdfunding）とは、群衆（crowd）と資金調達（funding）を組み合わせた造語で、インターネットを通して自分の活動や夢を発信し、想いに共感した人や活動を応援したいと思ってくれる人から資金を募る仕組みだ。言葉自体は比較的新しいが、人々から資金を募り、何かを実現させるという手法自体は古く、たとえば寺院や仏像などを造営・修復するため、庶民から寄付を求める〝勧進〟などがそれにあたる。

そしてインターネットが普及した現代においては、特にアメリカやイギリスではクラウドファンディングが資金集めの方法として一般的なものになりつつある。

「クラウドファンディングを利用した理由のひとつに、社内外にウイスキー造りを知ってもらいたいという目的もありました。実は地元の人でさえ、若鶴酒造でウイスキーを造っていることを知らなかった人が多いのです。これはウイスキー造りを見せてこなかったことが大きな要因だと私は思いました。そこで、みんなのプロジェクトとして、いまの実情や将来の展望だけでなく、改修の様子や進捗もすべて公開することで、みんなで蒸留所を再生していくという取り組みにしました。プロジェクトの目的を単に建物を改修するのではなく、北陸初の『見学ができるウイスキー蒸留所』として蘇らせることにしたのはそのためです」。

結果、目標金額の2500万円をはるかに上回る、463人による約3826万円の支援を得ることに成功した。その内、75％が地元からの支援だったという。しかし、インターネットを使ったクラウドファンディングはまだ認知度も低く、説明に時間がかかるなど苦労もあった。中には直接訪ねてきて現金を渡す支援者もいたそうだ。

クラウドファンディングの実施方式には、支援された総額が目標金額を超えた場合にのみ、資金を受け取ることができる『オール・オア・ナッシング』と、目標金額に達しなかった場合でも、プロジェクトが成立となり資金を受け取ることができる『オールイン』がある。『オール・オア・ナッシング』は、たとえば１００万円の目標金額に対し、99万円しか支援が集まらなかったときには不成立となり、99万円は支援者に全額返金され1円も受け取ることができないが、『オールイン』に比べると成約率が30％も高くなるといわれている。今回実施したプロジェクトは『オール・オア・ナッシング』であった。退路を断ち、背水の陣で臨む覚悟がないと、想いは伝わらないし絶対に成功はしないと彼は語る。

「地元の方たちの応援を肌で感じることができた『クラウドファンディング』を境に、社内の意識がかなり変わりました。50年以上前のマッシュタンを最新の三宅製作所製のマッシュタンに、そして30年以上前の焼酎用のポットスチルを銅製のポットスチルに改造するなど、グループ全体で品質向上に対する取り組みに力を入れる流れができたと感じています」。

たとえば、三宅製作所製を導入する前に使用していたマッシュタンは、50年以上も前に自社開発したもので、麦芽カスを取り出す作業に、クワやスコップを使い、３人がかりで半日かけ

ていた。この『暑い、臭い、重い』の三重苦が、新しいマッシュタンだとスイッチひとつでわずか20分で終わってしまうという。

世界初となる銅錫《すず》合金の鋳造による ポットスチルを開発

ポットスチルは、銅版をハンマーなどで叩くことで曲げたり、形を整えたり、溶接したりして形成する板金加工で作られるのが一般的だ。しかし彼は、鋳造でポットスチルを作ることを思いつき、実験器を制作。すぐさま大学でテストを行った。

鋳造とは、溶かした金属を型の中に流し込んで固めることで形成する技術のこと。

たとえば、砂で作った型にボール状の空洞を作り、そこに溶かした金属を流し込んで固めれば、ボール状の金属の玉ができるという仕組みだ。このような砂で作った型のことを砂型と呼ぶ。

「日本の銅器の90％以上が富山県の高岡で生産されていると言われるぐらい、高岡銅器は有名ですが、高岡は職人の町で、地金屋、原型師、鋳物師、加工屋、仕上げ屋、鉄工所、着色師、彫金師などが何百人といる恵まれた環境でもあります。だからこそ、地元の技術を使って、自分の夢だったポットスチルを開発しようと思ったのです。もちろんそこには、創業380年の歴史と梵鐘《ぼんしょう》でトップシェアを誇り、日本で唯一50トンを超える大型の梵鐘を作ることができる『老子《おいご》製作所』の技術があったからこそ実現できたというのも事実です」。

鋳造の場合、銅と錫の合金になるのだが、蒸留したときに銅と同じ効果が得られるか、酒類総合研究所で香り成分などを分析して検討を重ねたという。結果、フレーバーの低減では銅錫合金の方が銅と錫の二つの効果が得られるため結果は良好で、『同等以上の効果が認められる』という結論に達する。

「板金加工は一枚の板を加工するため厚みに限界があるのですが、鋳造だと自由に厚みを設定できるため耐久性が増すだけでなく、板金と違って鋳肌のため、表面に凹凸があることでより表面積が広がり、銅の効果が発揮しやすいと思っています。また鋳造だと、同じものを作る場合は既に型があるので、短納期でコストを軽減できるなど、利点も多いと感じています」。

三郎丸蒸留所では、地元の林業家と木工の町である井波の職人がタッグを組み、樽を組み直して作る〝鏡板〟にミズナラを使った樽作りにも取り組んでいる。ミズナラは漏れやすく最初は苦労したが、ミズナラの特性を理解するうちに、漏れることのない立派な樽が完成した。こうしてウイスキー造りに関するさまざまなことに挑戦してきた彼だが、いまは糀《こうじ》を育てていた部屋を改修して、音と映像でウイスキーの知識を体感できる空間『室《ムロ》ジェクションマッピング』用の動画の編集に携わったり、貯蔵庫用ラックの設計を手掛けたりしている。

「樽の管理ひとつとっても、味に直結する部分があると思います。たとえば同じ体積の貯蔵庫に置き方の違いだけで、5年分の樽の量しか保管できないのか、8年分の樽の量まで保管できるのか、差が生まれるとしたら、1樽あたりにかかるコストは変わってきます。5年分の樽しか保管できなかった貯蔵庫は、8年分の樽を保管できた貯蔵庫に比べて、単純に60%も多くコストがかかってしまうことになるのです。しかも次の貯蔵庫がなければ、5年で製品化せざるを得ない。極端な話ですが、置き方ひとつで熟成年数まで決まってしまうのです。また、バーボンバレル（約200リットル）しか置けないサイズか、ホッグスヘッド（約225リットル）まで置けるのかはラックの幅によっても変わってきます。つまり、いかに高密度で保管でき、メンテナンス性やサンプリング性が良く、耐震性もあるラックが設計できるのかが重要になってきます。樽貯蔵とは、なかなか奥深いものだと感じています」。

老年になったミズナラを樽に加工するなど、地元の富山県産の地場木材を使った樽造りにも取り組んでいる。

越後杜氏による酒造りが行われていた大正蔵。若鶴酒造創業150周年の記念事業としてリノベーションされ、講演や演奏ができるステージを設置したり、ビジターセンターとして試飲ができたりする空間へと生まれ変わった。

トラディショナルなマッシュタンには、銅板を貼ることが多いが、すぐに黒ずんでしまうため、三郎丸蒸留所では最初から腐食化させることで模様化した高岡銅器の板を用いている。

ポットスチルの名前は、国内シェアの約70%近くを占める梵鐘の大手メーカー老子製作所の屋号『老子次右衛門』が由来。地元の人がなまって「ゼエモン、ゼエモン」と呼んだことからヒントを得て『ZEMON』と命名された。

ビール造りの資産を活かした、日本一小さな蒸留所からの挑戦

長濱《ながはま》蒸溜所　清井《きよい》　崇《たかし》

2016 年に誕生した長濱蒸溜所は、ビール工場とレストランが併設された蒸留所だ。タンク直注ぎのビールや近江牛などの郷土食材を使った料理が楽しめるレストランでは、客席からポットスチルが稼動するライブ感を体験することができる。

醸造所に併設されたレストランのことをブルワリーパブと呼ぶ。ビールの醸造と同じ場所から、貯蔵タンク直注ぎの新鮮なビールを提供するパブのことで、ビール愛好家たちの人気のスポットとして東京でも数件誕生している。しかし、ブルワリーパブにビール工場だけでなくクラフトウイスキーの蒸留所も併設されているのは、日本でも長濱蒸溜所を運営する長濱浪漫ビールだけではないだろうか。ニューメイクハイボール『長濱ハイ』の提供など、常識にとらわれない斬新な挑戦を続けるのは、長濱浪漫ビール取締役製造本部長の清井崇氏である。

1994年、細川内閣の規制緩和の目玉として、ビールの年間最低製造数量がそれまでの2000キロリットル（大瓶換算で約316万本）から60キロリットル（同 約9万5千本）に大きく引き下げられた。この法改正により、小規模な事業者でもビールの製造が可能となり、町おこしなどを目的にクラフト醸造所が全国各地に数多く誕生した。いわゆる地ビールブームである。長濱浪漫ビールでも長浜市の町おこしを兼ねて、1996年に地元長浜市の企業や市民が中心に株主となり、近畿地方で3番目となるクラフトビールの製造を開始した。

「クラフトビールを造り続けて20年が経過した頃から、新しいビジネスにチャレンジしたいという想いが、ずっと心の中でくすぶっていました。また、生産設備に余力が残っていたこともあり、『魔法の水』と称されるウイスキー造りに挑戦できないかと考えたわけです。ウイスキーはビールと同じ原料の麦芽を使用するということと、製造工程も非常に似通っていることが決め手となりました。極端な話をしますと、ビールは麦芽を発酵させて造りますが、発酵させた麦汁を蒸留すればウイスキーになるわけです。ホップが入るか入らないか、煮沸をするかしないかという違いはありますが、生産設備も蒸留用のポットスチルを新設すればウイスキー造りに挑戦できるのではと考えたのです」。

クラフトビール造りで培ってきたノウハウを活かせる新規ビジネスとして、ウイスキー事業が最適だという考えに彼はたどり着いた。そのときの気持ちを、「琵琶湖畔の長浜の地で、クラフトウイスキーを造りたい！」という強い想いだけで走り出したと語っている。

しかしながら、ウイスキーは製造から出荷までに3年の月日を要する。販売できない期間もウイスキーを生産し続けるために必要となる原料の購入資金だったり、蒸留の歩留まりの悪さだったり、樽の熟成に必要な保管場所の確保だったりと、ビール造りの経験だけではそうそう簡単にはいかないことを実際に携わりながら痛感したという。

「2016年の12月から本格的にウイスキー造りを始めたのですが、ある程度まで稼働させるのに4カ月程かかりました。半年くらいまでは試行錯誤の連続で、そこからまた生産を軌道に乗せるのにも時間を要しました」。

新規参入した事業をゼロからスタートさせるには、新しい組織をマネジメントしなければならない生みの苦しみがある。人材を募集し、教育し、正しく運用できるように組織化して、定着させるのだが、無理をさせれば辞めてしまう。新規参入事業の場合、そのすべてを最初から構築しないとならないのだ。しかも生産工程をスムーズに運用させるには、ウイスキー造りに対する技術的な知識も必要となる。小さなグループとはいえ働く人の環境整備などを含め、職場として組織を築き上げ軌道に乗せるには、それなりの苦労と困難を乗り越えなれければならないのだ。

「ブルワリーパブの客席を改装し、空いたスペースに蒸留所を作ったので、見た目はお洒落で、最高の雰囲気を醸し出しているのですが、働く側からすると非常に効率が悪いという欠点があります。当たり前ですが、工場のように専用の建屋に生産設備を配置した方が、各工程の流れもスムーズで、生産性の高いレイアウトが可能なわけです。言い方を変えると、効率が悪い分、手間隙かけて作業する必要があるわけです」。

長濱蒸溜所では〝一醸一樽〟というスローガンを掲げ、その言葉をプリントしたオリジナルTシャツまで制作している。これは日本一小さな蒸留所で、一日に一仕込み一樽分の原酒を手間隙かけて造る、という意味である。また、少量生産であることを活かし、モルトや酵母、樽の組み合わせをいろいろ試すなど、多種多様なバリエーションの原酒造りにも挑戦していきたいと彼は語るが、新設したポットスチルは、初留釜用で2基、再留釜用で1基と本格的な設備を誇っている。

「アランビック型のポットスチルでネックのラインが細いため、繊細でクリアな原酒になっています。また、長浜市の使われなくなった資産を樽の貯蔵庫として活用することも将来的には考えています。使わなくなったものをリノベーションして、新しいものを作り上げていくというのは、弊社の理念とマッチしており、理想の関係だと思っています」。

もともと長濱浪漫ビールは長浜市の町おこしを兼ねて創業したという背景があるため、長浜市の使われなくなった資産の活用など、長浜市への地域貢献を重要視する社風が長濱蒸溜所には根付いているのだ。

100年先まで喜ばれるウイスキー造りを目指して

ウイスキーは熟成に長い年月を要する。そのため、3年後、5年後、100年後でも、いまと変わらずたくさんのクラフトウイスキーファンに喜んでいただきたいという想いで蒸留することが大切になる。その積み重ねが、100年後も長浜市に愛され、必要とされる存在として残り続けられる唯一の方法であり、彼の目標なのだ。

「長浜市は城下町、宿場町として栄えた歴史情緒のあふれる町で、市を挙げて観光業に力を注いでいます。しかも日本一の大きさを誇る琵琶湖を有し、伊吹山など四季折々の自然も豊かです。そんな市の一助になればと、長濱蒸溜所では1泊2日の蒸留体験ツアーを実施しています。麦芽の粉砕や発酵など蒸留の工程を見学するだけでなく、ニューメイクの製造を2日間にわたって弊社のスタッフと一緒に体験することができるツアーで、蒸留前の液体や蒸留直後のお酒をテイスティングすることも可能です。日本一規模の小さなウイスキー蒸留所で、ウイスキー造りの面白さを実体験していただければと思っています」。

ブルワリーパブのレストランでは、近江牛など長浜周辺の食材や琵琶湖の珍味が味わえ、蒸留体験ツアーでは、蒸留所のスタッフとの懇親会なども開催される。

そんな地域に根ざした長濱蒸溜所だからこそ、ウイスキーへの期待度は高く、それを証明するエピソードとして、新設したポットスチルのボイラー増設用に実施したクラウドファンディングへの支援の多さがある。

「ウイスキー造りをスタートさせた矢先に、生産工程で使用するボイラーの調子が不安定になり、このままではウイスキー造りが頓挫するのではと苦悶していたときに、クラウドファンディングを知りました。すでにかなりの投資をしていましたので、これ以上の設備投資は困難ではないかと悩んでいたこともあり、背水の陣で挑む覚悟で、自分たちのプロジェクトを立ち上げ、ボイラーの増設資金の一部調達を目的にクラウドファンディングを実施しました」。

結果、わずか一日で目標の100万円を達成することができたという。最終的には、当初の目標額を大きく上回る300万以上の資金が集まり、無事にボイラーを増設。早々にウイスキー造りを再開することができた。このことは、長濱蒸溜所への期待度の高さゆえであることはもちろんだが、スコットランドまで赴き、いくつもの蒸留所を見学・体験してきた彼が長年抱き続けてきたウイスキー造りに対する熱い想いが、支援者の心に届いた証とも言える。

「少量ではありますが、来年の2020年には、ファーストのシングルモルトを発売する予定でいます。すでに世界中から蒸留所を見学しにお客様が来ていますので、将来的には海外にも輸出し、世界中の方々に飲んでいただけるようになれば最高です。そのためには、ジャパニーズ・ブランドの評判を落とすような品質のものは出せないと思っています。良い悪いは別にして、世界から見たら長濱蒸溜所のウイスキーもジャパニーズ・ウイスキーとしてひとくくりにされるわけですから、その責任は重いと感じています」。

約23年前に増設した建屋が製造所のスペースとなっている。2階部分に6基の発酵タンクが設置されており、夏場はビール、冬場はウイスキーの生産割り当てを増やすことで、機材の稼働率100%を目指す。

江戸時代末期の米蔵をリノベーションした客席数128席のレストラン。柱に年号が明記されていたことから、百何十年前の建造物と判明。ポットスチルによる蒸留を見ながら食事ができる空間は、ウイスキー好きには贅沢な時間を共有できる希少な場所だ。

タンク直注ぎのビールサーバーの後ろに、3基のポットスチルが鎮座。ビールを注ぐバーテンダーの姿に彩を添えている。出来たての蒸留液でつくった原酒のハイボール『長濱ハイ』の提供など、レストランが併設されているからこそ可能なサービスもある。

歴史ある日本酒との二刀流で、真のジャパニーズ・ウイスキーに挑む

江井ヶ嶋《えいがしま》ホワイトオーク蒸留所　卜部《うらべ》 勇輝《ゆうき》

1919年（大正8年）にウイスキー造りの製造免許を取得。1961年に試験的な蒸留を開始してから現在まで、途絶えることなくウイスキー造りの歴史を紡いできた。1984年に現在の新ウイスキー蒸留所を竣工し、本格的な量産を開始。

創業340年の歴史ある江井ヶ嶋酒造は、日本酒をはじめ焼酎やみりん、ワイン、ウイスキー、ブランデーや梅酒などを製造する総合酒造メーカーだ。国税庁『酒のしおり(平成31年3月)』によると、酒類の国内出荷数量は1999年をピークに減少しており、同社も最盛期には300人弱いた従業員が現在は50人弱まで減少するという厳しい経営状態に追い込まれた。輸出担当の卜部勇輝氏は、同社を株式会社として設立した卜部兵吉の玄孫《やしゃご》(孫の孫)として、ウイスキー造りの海外展開を柱に経営の黒字化に挑むのであった。

江井ヶ嶋蒸留所の一番の特徴は、日本酒の杜氏である中村裕司氏がウイスキーの工場長も兼任していることだ。杜氏とは、日本酒の蔵で酒造りをする蔵人集団のトップのことで、酒造りの一切を取り仕切る責任者である。この杜氏と蔵人たちが、冬場には日本酒を造り、夏場にウイスキーを造る〝二毛作〟スタイルで、日本酒の伝統技法を生かしたウイスキー造りを行っている。

「最近は違いますが、何年もの間、ウイスキー蒸留所を所有する日本酒の酒蔵は、全国でも弊社を含め希少な存在でした。明治時代に当時としては珍しい瓶に詰めて日本酒を販売したのも弊社が初になりますし、他社とは違うことにチャレンジするという一種独特の社風が受け継がれているのだと思います」。

〝地ウイスキーブーム〟のときに参入したクラフト蒸留所も、1984年前後をピークにダウントレンドに突入し、ウイスキーが売れない冬の時代となる。そして、多くの蒸留所が休止したり撤退したりする中、江井ヶ嶋蒸留所がウイスキー造りを続けることができた背景には、多種多様な品目の酒類を製造していることへの誇りがあったからだという。

「やめてしまうのは簡単でしたが、どれだけ生産量が少なくなっても、ゼロにはしないと決めていました。他社からすると、やっていないに等しいくらいの少量だったかもしれませんが、それでも続けることに意味があると考えました。続けていれば技術も設備も残ります。やめてしまうということは、それらをすべて捨ててしまうのと同じなのです」。

実際、ウイスキーがアップトレンドに転じたときにいち早く対応できたことを考えると、冬の時代でも生産量をゼロにしなかったことへの意義の大きさが理解できる。もちろんこれには、日本酒とウイスキーの〝二毛作〟という独自の生産スタイルがあったからこその勝利ともいえる。

江井ヶ嶋蒸留所では、イギリスから輸入した1トン袋の麦芽を、1日1袋仕込みのペースで使用している。したがって『麦芽の買い付け量』で、ウイスキーの生産量の推移を知ることができる。7〜8年前までは10〜20袋程度だった買い付け量が、2019年度は168袋と10倍近くも増えているのだ。1日に1袋の割合で消費するため、1年のうち約7カ月がウイスキーの生産、残りの5カ月が日本酒の生産となる計算だ。もともとは日本酒を造らない夏の時期を利用したウイスキー造りだったのだが、いまや主軸は逆転し、ウイスキー造りがメインになるほど、世界中からジャパニーズ・ウイスキーが求められているということになる。

「5〜6年前までの海外への輸出量は、ゼロに近いような状況でした。それがジャパニーズ・ウイスキーのブームと同時に、世界中から英語のEメールが飛び込んできたのです。本当に驚きました。いまでは地球の隅々までと言っていいほど、世界中で弊社のウイスキーが愛飲されています。実際、輸出量が国内の販売量を追い抜いていますし、嬉しいことに、ウイスキーだけでなく梅酒や日本酒などの注文も増えていて、波及効果にも期待しています」。

赤字続きの経営が黒字に転じたいまだからこそ、浮かれることなく地に足をつけて、会社の基礎体力をつけたいと彼は考えている。具体的には、三代目となる新しいポットスチルを2019年の仕込みから導入するなど、いまや会社を支えるウイスキー造りに投資をすることで盤石な体制を整えている。その一方で、ウイスキーブームに決して依存することなく、総合酒造メーカーとして利益を生み出せる体制作りを目指している。

不景気になると〝選択と集中〟を合言葉に、不採算事業を切り捨て、好調な事業だけに会社の資産を集中するという考え方もある。しかしいまの世の中、集中した事業が必ずしも成長するとは限らない。敢えて一つの事業に〝選択と集中〟をするのではなく、総合酒造メーカーとして多種多様な酒類を製造しているという特徴を持続していくことも会社が生き残るためのひとつの戦略ではないだろうか。

真のジャパニーズ・ウイスキーだけが生き残る時代へ

2019年7月現在、残念ながら日本には〝ジャパニーズ・ウイスキー〟を定義した法的基準は存在しない。たとえば、海外からスコッチなどの原酒を数種類輸入し、ブレンドしたものをジャパニーズ・ウイスキーとして瓶詰めして発売しても違法ではないのだ。もちろん複数の原酒を購入してブレンディングしたブレンデッドウイスキーの生産もウイスキーメーカーの大切な役割のひとつなのだが、それを〝ジャパニーズ・ウイスキー〟と認めてしまうと、〝ジャパニーズ・ウイスキー〟のブランド価値まで大きく損なう危険性がある。

実はワインでも過去に同じことが議論され、〝日本ワイン〟のブランド力向上を目的に、2018年10月から改定法が施行されている。国産ブドウを100%使用し、国内で製造されたワインだけを〝日本ワイン〟と定義したのだ。ちなみに、海外から輸入したブドウや濃縮果汁を使用して国内で製造されたワインのことは〝国産ワイン〟と呼んでいる。

「業界団体の日本洋酒酒造組合を中心に、法整備に向けて働きかけている最中です。実際、制度化される前のスコットランドでは、ブランド価値を汚すような事例があったそうです。〝ジャパニーズ・ウイスキー〟でもブランド価値が失墜することがないように、正しい基準で法的に定義されることが、ジャパニーズ・ウイスキーブームを少しでも長く継続させる上で重要だと感じています。そして、ゼロから造った真のジャパニーズ・ウイスキーを、是非とも日本人の皆様に飲んでいただきたいと願っています」。

海外でも日本の蒸留所を紹介した書籍が刊行されるなど、〝ジャパニーズ・ウイスキー〟の注目度は高い。一方、日本ではウイスキーと缶チューハイしか売れないという状況において、『少しでも売れているお酒に』と、生き残りをかけて経営をシフトする酒造メーカーの経営戦略も理解できる。その背景には、日本酒造りとは違うウイスキー造り独特の文化的な背景があると、日本酒の杜氏であり、ウイスキー蒸留所の工場長でもある中村氏は語る。

「ウイスキーと日本酒の一番の違いは、蒸留酒か醸造酒かということです。ウイスキーが蒸留酒なのに対し、醸造酒である日本酒は、絞るまでの作業に一番神経を使います。蒸留酒のウイスキーは絞るとは言わないですが、蒸留してからが重要と考えています。つまり、熟成期間です。ウイスキーは造るという側面だけを考えると、ビールなどを生産している酒造メーカーなら参入しやすいという利点がある一方、樽での熟成やブレンド、貯蔵場所などに労力と多くの神経を使います」。

江井ヶ嶋蒸留所でも、ウイスキーの原料となる麦芽はスコットランドの麦芽業者から輸入しているが、日本酒の世界では日本酒の原料である〝麹づくり〟は自社生産が一般的だという。また、アルコール発酵用の酵母も、ウイスキーが数種類なのに対し、日本酒は100種類以上あり、発酵期間もウイスキーが3日程度なのに対し、日本酒は20〜30日とまったく異なる。これは、熟成で味を仕上げるウイスキーと、作った瞬間に最高の味を求める日本酒との違いなのである。

「スタッフ全員が日本酒とウイスキー造りを行う二刀流ということで、片手間という印象を受ける方もいらっしゃるかもしれません。もしかしたら単にジャパニーズ・ウイスキーという理由だけで、弊社のウイスキーを仕入れた海外の業者もいるかもしれません。しかし海外で何年も売れ続けているという揺るぎない事実もあるのです。これは我々の品質が認められた結果だと確信しています」。

ウイスキー造りに携わって100年目を迎える記念すべき2019年に導入された3代目のポットスチル。初代ポットスチルは1961 ～ 1984年まで稼動。2代目のポットスチルは1984 ～ 2018年まで稼動していた。

イギリスから輸入している１トン袋の麦芽が、一日に使用する麦芽の仕込み量となる。これで、シェリー樽１樽分の600リットルのニューポットが生産される。

ペドロ・ヒメネス、クリーム、オロロソの熟成に使われていたシェリー樽、バーボン樽を主に使用。蒸留所としての個性を出すために、2018年よりジャパニーズ・チェスナット（日本産栗の木）の新樽も採用している。

日本酒の杜氏であり、ウイスキー蒸留所の工場長でもある中村裕司さん。杜氏ならではの視点でウイスキー造りに挑む。日本酒では地元の県のお米を原料に使う風習があるため、ウイスキーでも兵庫県産の麦や栗の木の樽などを使用できないか試行錯誤中。

リスク回避と広島の利点を活かす、ハイブリッド型蒸留器で世界に挑む

桜尾蒸留所《さくらお》　竹内《たけうち》 慎吾《しんご》

1918年、広島県廿日市市桜尾で産声をあげた中国醸造。創業100年を迎えた節目の年に、次の100年をつくるために新設したのが、広島発のクラフト蒸留所「SAKURAO DISTILLERY」。伝統と革新で洋酒造りの新たな可能性に挑む。

中国醸造のウイスキーの歴史は長く、創業当初から製造していたという記録も残っており、1980年代までは自社で蒸留も行っていた。その後、一部の原酒にだけ自社蒸留のキーモルトを使用したブレンデッドウイスキー『戸河内ウイスキー18年』を販売したものの、2000年代になるとウイスキーが売れない冬の時代に突入し、大量の在庫を抱えることになる。しかも地方都市は、首都圏に比べて少子高齢化や景気悪化の影響を受けやすいこともあり、7~8年前には、『このまま酒造メーカーとして生き残ることができるのか……』と、議論するほどの経営危機に直面していた。

そんなとき、フランスの商社が〝ジャパニーズ・ウイスキー〟を求めて、中国醸造の倉庫に眠っていた『戸河内ウイスキー18年』をすべて買い付けるという信じられないことが起きた。これが転機となり、生き残りを賭けて輸出へと大きく舵を切ることになる。その結果、当初は焼酎が約60%、日本酒が約10%。その他はみりんやリキュールという売上比率だったが、現在は焼酎が約20%、日本酒が7~8%、洋酒が約60%と、10年経たずして大きく変貌することになる。

そしていま、中国醸造の未来を担う柱をジンにすることで、経営の健全化を推し進めるのが、

執行役員経営企画 企画開発室長を務める竹内慎吾氏である。
「中国醸造は多種類のお酒を製造するコングロマリットであるため、会社の顔となる商品がないわけです。そこで私たちは、ジンを柱にブランド展開することで、会社の顔を作ろうと考えました。ある意味、ジンに社運を賭けたわけです。この背景には、弊社がリキュールを造るための高い技術をもっていたことにあります。この技術を活かして、香料を使わない純度の高いスピリッツ造りに挑戦したい、という気持ちが前々からあったこともきっかけのひとつです」。

中国醸造が広島県の会社ということも、ジンを柱に考えた理由のひとつでもある。広島県には、ジンの香り付けに使用されるジュニパーベリーの実を付けるネズミサシの木が大量に群生しているのだ。さらに柑橘類の産地でもあり、種類も豊富で、市場に流通していないような特殊な柑橘類があることも利点になると考えた。

「ジュニパーベリーにまで地産の原料を使うことが、お客様への訴求効果につながると考えました。ただ、広島県の特産を活かした地産の原料を使い、自社で蒸留するだけではジンを会社の顔としてブランド化するには不十分だと感じていました。やはり強いブランドを確立するには蒸留所が必須なのです。蒸留所があってこそ、はじめてジンがブランド化すると判断しました」。

蒸留所を新設するにあたり、ジャパニーズ・ウイスキーも復活させて欲しいという海外からの要望もあり、結果的にはジンだけではなくウイスキーも造れる蒸留所を目指すことになる。

「ジンのための蒸留所と言いたいところですが、75%はウイスキー用の設備です。また、ジンだけの蒸留所とか、ウイスキーだけの蒸留所というように、ひとつの事業だけに執着してしまうと経営的に厳しくなることを何度も経験してきたこともあり、蒸留所を新設するときも多様性を重要視しました」。

蒸留所を新設するにあたり、彼が参考にしたのは、伝統的なスコットランドのウイスキー蒸留所ではなく、北アイルランドやアメリカに多く点在するベンチャーのウイスキー蒸留所だという。これは、品質が高くて美味しいウイスキーを造るだけでは、長期的なビジョンを思い描いたときに、ビジネスとして成立しないと考えたからだ。

彼は、ウイスキーの蒸留所に新規参入した海外のベンチャーの経営者たちが、この時代にどのような考え方で蒸留所を経営・運営しているのかを徹底的に調査し、方針や戦略などを自分たちの蒸留所の手本とした。その結果、見えてきたのが〝多様性〟だと彼は語る。

「私たちが見てきた蒸留所のポットスチルは、ほとんどがハイブリッド型蒸留器でした。品質の高いウイスキーを造りたいという想いは強かったのですが、ウイスキーを造るためだけの蒸留所という発想ではリスクが高くなることを、彼らは知っていたのです。そんなこともあり、日本の蒸留所の多くが三宅製作所やフォーサイスのポットスチルを採用している中、私たちはアーノルド・ホルスタイン社製のハイブリッド型蒸留器を選択しました」。

ドイツの企業であるアーノルド・ホルスタイン社に、ジンとウイスキーの両方を造りたいとリクエストをして発注したのが、いま桜尾蒸留所にあるハイブリッド型蒸留器である。

ハイブリッド型蒸留器の一番の特徴は、ポットスチルの横に精留塔と呼ばれる銅製の円筒があることだ。この精留塔は6段に分かれており、1段通すだけで単式蒸留を1回したことと同じ効果があると言われている。6段あるということは、6段全部使うと連続的に6回単式蒸留

STOP
危険です
STOP
危険です

したことと同じ効果があるため、単式蒸留と連続式蒸留のハイブリッドというわけだ。

精留塔をまったく使用せず、筒の中に蒸気を通すだけという使用方法もあり、ハイブリッド蒸留器は、精留塔の使い方次第で多様なタイプの原酒を造ることができる。

また、ジンとウイスキーの両方を蒸留するためには、洗浄性に優れていることも蒸留器を選ぶときの必要不可欠な条件となる。前ページの写真の一番右にあるシルバーのステンレス製の筒が冷却塔で、蒸留の際に発生するアルコール蒸気を冷却して液体に戻すための装置なのだが、このとき冷却水が温められて発生したお湯をタンクに貯めて、蒸留が終わった後の洗浄に使用する工夫がされている。それでも香りが残るため、ジンとウイスキーの切り替え時には洗浄作業に3〜7日かけている。

そして2019年9月には、現在の3・5倍にもなる単式ポットスチルを増設する。もちろん、アーノルド・ホルスタイン社製だ。ウイスキーの生産が間に合わないため、ウイスキーの初留釜用として導入するもので、現行のハイブリッド型蒸留器はウイスキーの再留用とジンの蒸留用となる。

見せることを意識してデザインした蒸留所

〝見せる〟とは、『蒸留設備を美しく見せる』という意味だ。たとえばライトも仕事用のライトではなく、蒸留設備を美しく演出するためのライトを採用している。

「桜尾蒸留所に足を運んでくれた方が、最初に蒸留器を見たときの印象をすごく大切にして設計しました。嬉しいことに『楽器みたいですね』と評価してくださる方もいらっしゃるほどで、これは建物の外観だけでなく、内装に至るまで黒一色で統一したからこそ引き立たせることができたと思っています。発酵槽もステンレス製ですが、シルバーがよく映えるようにネジ1本まで徹底して黒く塗装しています」。

これからの時代、単にお酒を造って供給するだけではビジネスとして続かない。『モノ消費』ではなく『コト消費』への転換が必要だと彼は言う。つまり、商品に価値を見出すのではなく、商品やサービスを購入したことで得られる体験に価値を見出すということだ。

お酒造り自体にエンターテインメント性を持たせ、ご覧いただくことが付加価値となり、収益につながるというビジネスモデルに変えたいと思っている。そのためにビジターセンターも改装し、お客様に楽しんでいただくための投資を今後も続けていくという。

「ウイスキー事業は、いまの経営を支えるためではなく、次の世代に健全な状態で残してあげたいという気持ちで取り組んでいます。ウイスキーブームが来ていることは分かっていますが、いずれ必ず収束します。いま私たちが一生懸命取り組んでいることは、次のブームが来たときの準備という意味合いが大きいのです。いま造っているウイスキーが15年後くらいに熟成して、そのときに今の若い世代の人たちの財産になっていればと思っています」。

桜尾蒸留所で造っているウイスキーの一部は戸河内ウイスキーのキーモルトとして使用されるが、シングルモルトについては3年後と期間を決めずに、納得いくまで熟成させたものしか発売しないという。

これは、発売のタイミングよりも品質に対する評価が重要と考えているからで、慌てることなく、たとえブームが去ったとしても、自分たちが納得できる品質に到達するまでは出荷しないと決めている。桜尾蒸留所がニューメイクもニューボーンも発売していないのは、そのような考えによるところが大きい。

「ジャパニーズ・ウイスキーの優位性のひとつであったエキゾチックカントリー的な位置づけは、いまや台湾のKAVALAN《カバラン》だけでなく中国などでもウイスキー造りがはじまったことにより失われつつあります。また、地産の原料を使っていれば競争に勝てるのかと言うと、そう単純なものでもないと思います。その土地の中でも優位性のある原料を使わないと意味がないのです。たとえば広島県の奨励品種に二条麦がないのに、無理して二条麦を使う必要はないのです。もちろんクラフト蒸留所の役割のひとつである、地産の原料を使ったお酒造りは重要で、そこがないとその土地でお酒を造る意味がなくなってしまいます。しかし、地産に向かないものを無理に栽培して使っても、競争には勝てないと思っています」。

芋焼酎ブームのときに、芋の産地ではない広島で地元の芋を使った芋焼酎造りに挑んだが、結果的に苦しんだ経験があるからこそ、圧倒的に優位な広島県産の柑橘類を原料に使用できるジンを会社の柱とし、ウイスキーでは広島県特有の多様な気候を生かして貯蔵場所を3カ所に設けるなど、広島県の優位性を真摯に考えたお酒造りに取り組んでいる。

『SAKURAO DISTILLERY』のスタッフは20代がメイン。取材日にハイブリッド型蒸留器で作業していたスタッフは、入社１年目の女性社員だった。

ステンレス製の発酵槽のシルバーが映える黒一色の内装。照明も計算されており、〝お酒造りを見せる〟というエンターテインメント性を追求している。

小さな蒸留所でありながら、敷地面積の4分の1以上を見学者用ルームが占めている。見学者用ルームからは、正面に銅色に光り輝くハイブリッド型蒸留器を見ることができる。また、ジンの香り付けに使用されるボタニカル（香草類）の実物も展示されている。

蒸留所の立ち上げからジンやウイスキーの生産フロー、製造スペックなどを一任されている製造本部蒸留課副部長の山本泰平氏。写真は見学者用ルームのタッチパネルを操作している様子で、ジンの香料であるボタニカルが動画で紹介される。

焼酎で味わった悔しい思いから
ウイスキー造りを始めた革命児の挑戦

嘉之助《かのすけ》蒸溜所　小正《こまさ》 芳嗣《よしつぐ》

鹿児島県の西岸、海沿いの約 9,000 ㎡の広々とした敷地に建設。世界の共通言語であるウイスキーで、焼酎というカテゴリにとらわれない、グローバルなフィールドに立ち向かうべく、2017 年より稼動。

「焼酎で世界に挑み続けて15年、ずっと悔しい思いをしてきました」と語るのは、小正醸造株式会社の代表取締役、小正芳嗣氏。嘉之助蒸溜所を立ち上げた男は、ウイスキーで再び世界を目指そうとしていた。

日本酒造組合中央会の発表によると、2018年度の日本酒の輸出総額は約222億円。2010年から9年連続で過去最高を更新している。海外では輸送費や関税などにより日本国内の小売価格の3~5倍の高値で取引されているが、その人気は年々高まっている。もともとは海外での和食人気に後押しされる形で需要が拡大した日本酒だが、最近では和食だけでなく世界の食文化とも相性がいいことで知られるようになり、ますますそのプレゼンスが高まっているのだ。

しかし焼酎となると、輸出総額で約15億円と、ここ数年ほぼ横ばい状態が続いている。

「昔から、焼酎を世界中に広げたいという強い思いがありました。実際、焼酎を片手に、アジアからヨーロッパ、アメリカなど、世界中のマーケットに売り歩いて回ったのですが、手ごたえが弱く、焼酎というカテゴリに大きな壁を感じていたのは事実です」。

彼が言う大きな壁のひとつに、食文化の違いがある。日本酒がワインやビールと同じ醸造酒なのに対し、焼酎はジンやウォッカと同じ蒸留酒。海外では蒸留酒を飲みながら食事をすることに馴染みがなく、蒸留酒である焼酎を日本酒のように食事と一緒にたしなむというスタイルは、海外の和食レストランなどでは浸透しにくいのだ。ちなみに醸造酒は、米やブドウ、麦などの原料を酵母によりアルコール発酵させて造ったお酒のこと。それに対し、蒸留酒は、醸造酒を蒸留させることで、よりアルコール濃度を高くしたお酒のことで、カクテルベースで使われるのが一般的だ。

明治16年に創業し、136年以上の長い歴史を持つ小正醸造は、焼酎を中心に製造販売をしている会社。彼の祖父である小正嘉之助は、焼酎の価値を高めるため試行錯誤を繰り返し、同じ蒸留酒のウイスキーが、樽で寝かせることで琥珀色に熟成することに目をつけた。そして、昭和26年に焼酎の樽詰めをスタートさせ、6年後の昭和32年に日本初の樽熟成焼酎〝メローコヅル〟の発売にこぎつけたのだ。

蒸留所は地名を名前にするのが一般的だが、彼は「我々のバックボーンはメローコヅルであり、どうしても祖父の名前を残したかった」と語る。それほど、メローコヅルに自信と誇りを持っていたのだ。

「5年ほど前に、メローコヅルを輸入したいとスコットランドの商社から連絡があり、現地まで足を運んだのですが、最終的には『焼酎』というカテゴリでは取引できないと断られ、非常に悔しい思いをしました」。

酒質や技術面では評価されていただけに、この時の悔しい経験がウイスキー造りという次なる目標に向けて舵を切らせることになったといっても過言ではない。

ノンアルコールビールが世に出始めた2011年頃、社内の誰もが疑問視する中、彼はノンアルコール焼酎を開発し一気に売上を伸ばしてみせた。前例がなく苦労しながらもゼロから作り上げたノンアルコール焼酎は、いまでも調味料として中東へ輸出されている。

「祖父の嘉之助も、焼酎を樽で貯蔵しはじめた当初は、周囲から反対されていたと聞いています。どんなことでも、新しい挑戦をするときには、批判があって当然だと思います。ただ、そんな周囲の声をよそに、自分の考えを押し通してメローコヅルという樽熟の焼酎を作った『嘉之助イズム』を私も継承したいと強く思いました。今回も周囲からは驚かれましたが、信念を貫きウイスキー造りに挑戦することにしたのです」。

焼酎という枠組みにとらわれることをやめた彼は、鹿児島で培ってきた蒸留酒の文化やメローコヅルで習得してきた樽での熟成の技術を活かせるお酒として、ウイスキー造りを目指すことに。彼にとってウイスキーは、世界で通用する共通言語のお酒なのだ。

本気で造る『嘉之助ブランド』ならではのウイスキー

嘉之助蒸溜所が建つ吹上浜沿いの広大な敷地は、祖父の嘉之助自身がメローコヅル専用の蒸留所を作りたいと未来予想図を描いて購入したという思い入れのある土地だ。一時は太陽光発電に使用することも考えていたが、結局長いこと放置させたままになっていた。この嘉之助が夢見ていたアイラ島を彷彿させる場所に、1トン規模の蒸留所を建設するにあたって彼が心に決めたことは、「絶対に中途半端なものは作らない」ということだった。

「決して中途半端な気持ちでウイスキー造りを始めたわけではありません。決めてからは、本場のスコットランドやアメリカなどの蒸留所を視察して回り、製造設備や技術面における焼酎との違いについて学ばせてもらいました。スコットランドにはスコットランドの素晴らしさがたくさんありましたが、我々が焼酎造りで培ってきた蒸留技術、発酵技術、あるいはクリンネスな部分などの管理面においては〝負けてはいない〟ということに気付きました。これは大きな発見であり、ウイスキー造りを始めるときの自信にもなりました」。

現在、鹿児島には110社を超える焼酎の蒸留所がある。しかし彼が造りたかったウイスキーは前例が少なく、ウイスキー造りに必要な免許を取得するのにも苦労したそうだ。「諦めずに、幾度となく計画書を作っては税務署に提出しました。本当に何度も繰り返し提出し、やっとの思いで免許を取得することができたのです」。それだけウイスキー造りは、ビジネス的観点からすると難しい分野の職業だということが想像できる。

「日本で本格的なウイスキー造りが始まってから、あと数年で100年を迎えます。鳥井信治郎さんや竹鶴政孝さんたち先駆者たちが開拓したジャパニーズ・ウイスキーがいま再び注目される中で紆余曲折はありましたが、私たちのような新参者の蒸留所が次々と誕生しています。ウイスキー造りに挑戦したいと名乗りを上げた者同士、いい意味で切磋琢磨しながら、メイドインジャパンのウイスキー造りを盛り上げていければと思います」。

ウイスキーの中でも特に権威のあるワールド・ウイスキー・アワード（WWA）など、ヨーロッパの名だたるコンクールで毎年優勝し、世界的に人気が広がっているジャパニーズ・ウイスキー。一方で、サントリーやニッカウヰスキーなどの大手メーカーは、熟成した原酒の在庫不足を理由に、一部の銘柄の出荷を休止している。そんな中、嘉之助蒸溜所のような小規模の蒸留所が、日本全国各地でたくさん産声を上げているのだ。

「蒸留所が誕生して仲間が増えるのは嬉しいのですが、市場からもユーザーからも、最終的には淘汰されると思っています。ウイスキーの次の100年の歴史を刻むには、なぜウイスキーを造りたいのか、どのようなウイスキーを造り続けたいのかといった明確で強固な意志と持続的なモチベーションが必要不可欠になってくるはずです。ジャパニーズ・ウイスキーの人気にあやかろうなどという、安易な理由でウイスキー造りを始めると、あっという間に足元をすくわれてしまう。根っこの部分をしっかりと踏み固めた蒸留所だけが生き残っていくと思います」。

見学ツアーを行っている嘉之助蒸溜所は、ビジターの方々に楽しんでいただくという視点で建てられたスコットランドやアメリカの蒸留所をお手本に設計されている。実際、ビジタールームにはおもてなしのオリジナルグッズなどが並び、お洒落な空間が訪問客を迎えてくれる。いまや世界中から注目され、国内のみならず、韓国や中国、ドイツやスイスまで、各国のウイスキーマニアがはるばる訪れてくるという。

「世界的に蒸留酒を造るメーカーが増えているいま、世界中のメーカーとコミュニケーションができることが、焼酎のときにはなかったウイスキー造りの魅力だと思います。本当に長い間、世界と会話をすることに飢えていましたから(笑)。実際、5年前にウイスキーを造ろうと思ったときから、ずっと待っていてくれている海外のパートナーもいます。そしてもちろん、大きな責任も感じています。期待を裏切らないウイスキーを世に送り出すこと。そして、ここ鹿児島で500年続く蒸留酒文化を、日本のみならず、海外にまで伝えていくことが、我々のするべき役割だと感じています」。

高い評価を得ているニューポットやニューボーンが並ぶビジターセンター。
ピザ窯もあり、芝生が広がるガーデンを一望できる。

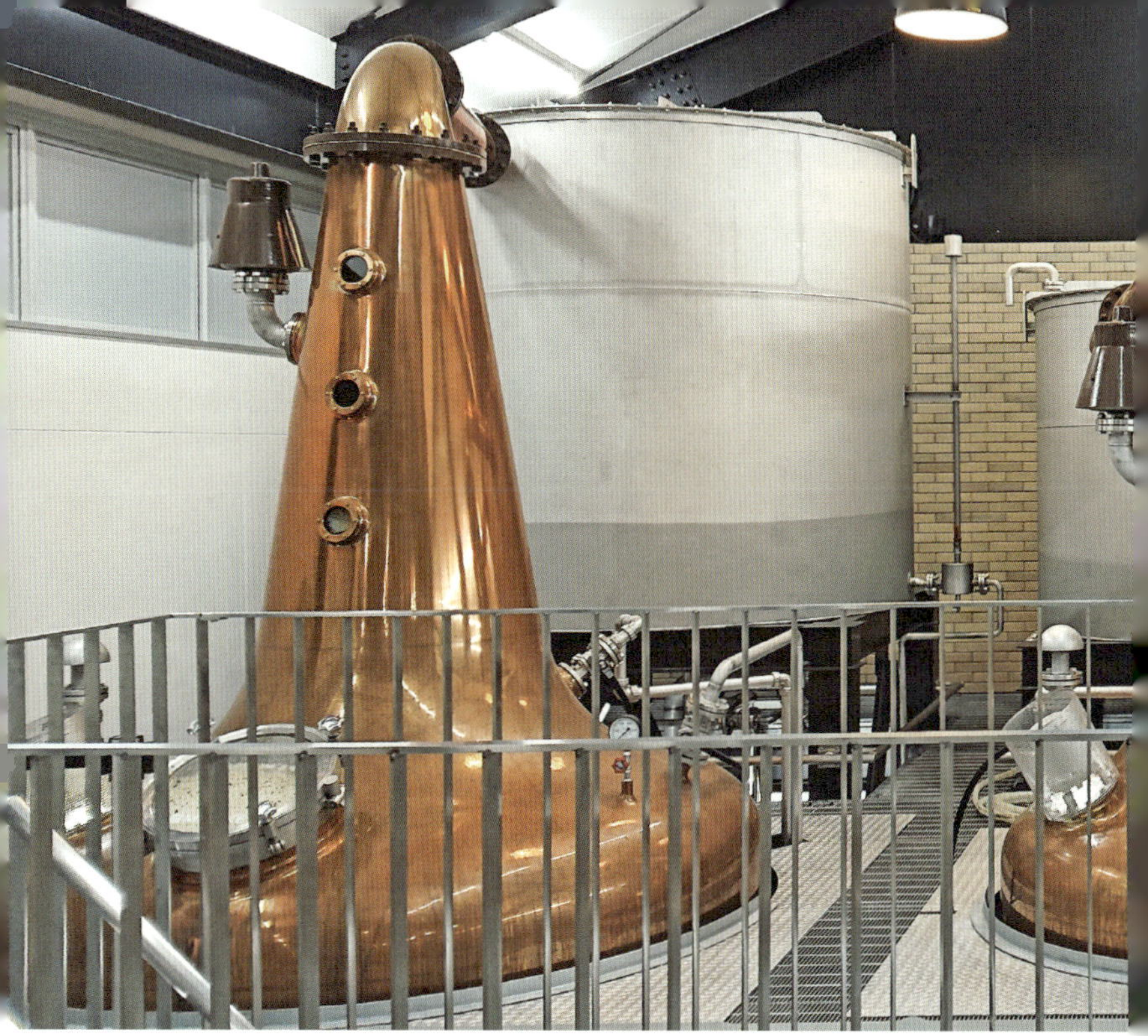

左側のポットスチルが初留釜、真ん中と右側のポットスチルが再留釜。再留釜にネックの形状やラインアームと呼ばれる上部の渡り角度の違うポットスチルを２基投入することで、酒質の幅にバリエーションをもたせている。

小正醸造の人気商品メローコヅルは、焼酎を樽で熟成させる長期貯蔵米焼酎。このメローコヅルの熟成用の樽には、アメリカンホワイトオークの樽のみを使用している。嘉之助蒸溜所では、メローコヅル熟成後の使用済みの樽を分解し、内側をバーナーで焼き直した後、ウイスキーの熟成樽として再利用している。

32年ぶりの復活。本坊酒造発祥の地に本土最南端の蒸留所を作った男

マルス津貫《つぬき》蒸溜所　本坊《ほんぼう》 和人《かずと》

本坊家の原点でもある津貫は、地場産業が少なく、明治末期から活路を求めて海を渡るなど好奇心旺盛な人が多い。1949年に九州で最初にウイスキー造りに挑戦し、再び焼酎王国である鹿児島の地に約5億円を投じて蒸留所を新設。2016年より稼動。

1985年に本坊酒造がウイスキー造りに適した理想の地として選んだ場所は、長野県中央アルプス駒ヶ岳山麓。スコットランドに似た寒冷な自然環境が、ウイスキー造りに最適と判断したからだ。当時の担当者の一人が、現在、本坊酒造の代表取締役社長を務める本坊和人氏である。このとき彼は30歳。それから三十数年の時を経て、第2蒸留所として選んだ場所は、九州の鹿児島という本土最南端の地だった。

寒冷な気候の英国スコットランドで生産されていたスコッチ・ウイスキーの時代から、いまや南半球のオーストラリアやKAVALAN《カバラン》で有名な台湾、アメリカン・ウイスキーで注目を集める米国テキサス州など、蒸留所が建設される場所もグローバル化が進んでいる。技術が進歩し、熟成に対する考え方が多様化したためだ。そんな時代の流れを目の当たりにした彼は、寒冷とは真逆の南国の地でウイスキー造りに挑戦することを決めた。

「歴史的な系譜を知る人たちからは、気温の高い南国の地でウイスキーを造ることに否定的な意見もありましたが、私はむしろ、『津貫の環境であれば面白い熟成ができる！』と確信していました。津貫は盆地のため、冬と夏との寒暖差が大きいことや、製造面においても技術陣から

〝問題ない〟という回答を得ていたので、自信を持ってこの地に蒸留所を作ることにしました。建物や貯蔵用の石蔵などの設備が整っており、初期投資を抑えられるというメリットは決定に至る大きなポイントではありましたが、最大の理由は『本坊酒造発祥の地』であるため気候風土を知り抜いた土地であったことと、良質な水に恵まれていたことです」。

１９４９年に鹿児島でウイスキーの製造免許を取得した本坊酒造は、竹鶴政孝氏と共に国産ウイスキーの創生に尽力した岩井喜一郎氏の設計・指導のもと、本社一工場であった津貫で製造を開始する。鹿児島での蒸留は、１９８５年に信州蒸溜所が完成するまで続いており、実はそのときの原酒から誕生したモルトウイスキー〝マルスモルテージ３プラス25　28年〟が、ワールド・ウイスキー・アワード（ＷＷＡ）２０１３で世界最高賞を受賞することとなる。

「現実的な問題として、信州蒸溜所だけでは原酒が不足している状況でした。しかも鹿児島で蒸留したウイスキーで世界的に認められた実績もある。そして何より、気候風土が異なる２つの蒸留所を保有するという多様性が、他社との差別化につながると判断しました」。

地ウイスキーブームを背景に、新天地を求めてまで本格的なウイスキー造りを始めた信州蒸溜所だったが、稼働から7年後には製造を休止している。低迷期を経験し、ウイスキービジネスの厳しさを知る彼が、なぜいまウイスキーに賭けるのか？　そこには以前とは違うブームの到来を予想させる直観があったという。

「25年前のマーケットは日本だけでした。当時のウイスキービジネスは、スナックやクラブでボトルをキープして、それを水で割り、飲酒するという消費スタイルが主だったわけですが、大量消費の時代で、いま思うと必ずしも成熟した環境ではなかったと思います。しかも、ウイスキー業界に追い打ちをかけるように〝サッチャーショック〟と呼ばれる酒税の改正がありました。同じ蒸留酒なのに焼酎の酒税は安く、ウイスキーの酒税は高いという海外からの圧力で、酒税法等の改正、級別制廃止が実施されました。結果、これまで日本人に定着していた2級ウイスキー等の価格が大幅に上がり、また並行輸入による価格競争から高級贈答品としての魅力も少なくなり、ウイスキーが売れなくなったのです」。

売り上げが落ち込む中、それでも純粋にウイスキーの味を楽しむ根強いファンはいた。しかし、主流は、スコッチ・ウイスキーだったという。そのような状況の中、徐々にではあるが大手メーカーの地道な努力により、美味しいウイスキーの存在が海外でも知られるようになる。そして世界が注目する権威あるコンペティションでの数々の受賞により、日本でもウイスキーの味を純粋に楽しむという本来のスタイルがビジネスとして成立するようになったと分析する。

「本当の意味で、ウイスキーを造る価値のあるマーケットが育ち、我々規模の蒸留所が目指すべきビジネスモデルが確立していったのです。しかも、その延長線上に世界があることを考えると可能性は格段に広がっていると感じています。これまでぼんやりとしていたマーケットのロードマップがようやく見え始め、矢継ぎ早にビジネス展開ができるほど確固たる自信が備わったという感じです」。

少子高齢化やアルコール離れなど、日本のマーケットだけ見れば懸念材料が多いウイスキービジネスも、グローバルな視点で見れば新興国が伸びている状況もあり、今後も伸張していくと予測する。しかしこれには、ジャパニーズ・ウイスキーの評価が、いまと同じ高い水準であることが前提だという。

「日本に限らず、スコットランドやアイルランドでも、新しい蒸留所が次々と誕生しています。アメリカでも2週間に1軒くらいのペースでクラフト蒸留所が新設されていると聞きました。これは『ウイスキーからビジネスチャンスが生まれる』と、世界中が感じている証拠だと思います。しかしその一方で、無秩序化していく印象も見え隠れしています。だからこそ日本人の技術や、モノづくりに対する姿勢を大切にしてもらいたい。いまの価値を維持するには、ジャパニーズ・ウイスキーが健全に育つことが重要なのです」。

長期投資の覚悟で、最低50年は続けるのがウイスキービジネス

現在のジャパニーズ・ウイスキーブームは、高い品質が世界的に評価され続けた上に成り立っていると語る。評価され続けることが蒸留所の使命であり、そのためには多額の投資が必要だというのだ。その理由は、ウイスキー造りの特徴にある。何年も樽で熟成させるウイスキーの世界では、仕込んだお酒がお金に変わるまで、何十年も待たないとならない。すぐに投資の結果を求めるがために、品質を担保できていないウイスキーが市場に出てくることを、彼は懸念しているのだ。

「ウイスキーは短期間で造って、それをすぐにお金に変える代物ではないのです。確かに3、4年の若いモルトウイスキーが、世界的に評価されている潮流もあります。しかし、すべて3、4年で販売してしまうのではなく、長期熟成のものもしっかり残す。これがバリエーションを増やすことにもつながる。そもそもウイスキーは樽ごとにピークになる熟成期間が違うのです」。

ウイスキーは、樽の種類や貯蔵する環境の違いによって、個性的な熟成が生まれる。ひとつの樽からボトルに詰められる、いわゆるシングルカスクに向く原酒や複数の樽をブレンドすることで力を発揮する原酒など、年月を重ねることで多種多様なタイプに育っていく。この多彩な原酒の中から、ブレンドで力を発揮するキーとなる原酒（キーモルト）を選び、モルト同士をブレンドすることで美味しいウイスキーが誕生する。つまり、多くのバリエーションの原酒を持つことがマルスウイスキーの強みとなり、世界と戦う武器になるのだ。その証拠に本坊酒造は3カ所に樽の貯蔵庫を持つ。信州蒸溜所と津貫蒸溜所にある樽貯蔵庫、そして屋久島に新設した屋久島エージングセラーだ。

「津貫蒸溜所の原酒を信州と屋久島まで運んで熟成させています。実際、信州蒸溜所の原酒で、津貫エージングや屋久島エージングも発売されていますし、信州蒸溜所の原酒で、信州エージングと津貫エージングのブレンド、信州エージングと屋久島エージングのブレンドなども発売されています」。

最後に外国人観光客の人気スポットでもある本坊家旧邸を改装した寶常《ほうじょう》を紹介しよう。昭和初期に建てられた伝統的な木造建築の和風平屋建ての邸宅は、津貫蒸溜所に隣接し、ビジターセンターとして活用されている。マルスウイスキーを味わえるバーを兼ね備え、蒸留所限定のウイスキーや焼酎をはじめ、オリジナルグッズや地元特産品も販売されている。

「次世代蒸留所が盛り上がっているいま、日本の人たちにも本当に美味しい日本のモルトウイスキーを飲んでいただきたい。そして『日本人が造ると違うね』とか『クラフトが増えて面白いね』と話題になってくれたら嬉しいです。『供給過多になるのでは？』と、心配する声もありますが、世界の市場規模で考えたら我々クラスの小さな蒸留所なんて、砂漠に水を撒くようなものなんです。だから次世代蒸留所は自信を持って、より長期的な視点でウイスキービジネスを考えて欲しい。その結果が、ジャパニーズ・ウイスキーの幸せにつながると信じています」。

本坊酒造二代目社長・本坊常吉氏の邸宅を改装した、ビジターセンターの寶常。威厳ある佇まいと、季節ごとに表情を変える庭園を楽しむことができる。

歴史と伝統を感じさせる『かごしまの建築・まちなみ108景』にも選出された古い石蔵の樽貯蔵庫。呼吸することで外気を出し入れしている樽は、周囲の山や川など土地の匂いまでも取り込み、ウイスキーの熟成に個性を与えている。

桜島のような重厚な酒質を目指して設計されたタマネギ型の寸胴で太いラインアームのポットスチル。信州蒸溜所の再留釜用ポットスチルが大型なのに対し、津貫蒸溜所の再留釜用ポットスチルは小型化することで、1バッチごとに蒸留し、多彩な原酒の確保に努めている。

本誌で紹介した新世代蒸留所リスト

No.	蒸留所	所有者
9	長濱蒸溜所	長浜浪漫ビール株式会社
10	江井ヶ嶋ホワイトオーク蒸留所	江井ヶ嶋酒造株式会社
11	桜尾蒸留所	中国醸造株式会社
12	嘉之助蒸溜所	小正醸造株式会社
13	マルス津貫蒸溜所	本坊酒造株式会社

No.	蒸留所	所有者
1	秩父蒸溜所	株式会社ベンチャーウイスキー
2	厚岸蒸溜所	堅展実業株式会社
3	遊佐蒸溜所	株式会社 金龍
4	安積蒸溜所	笹の川酒造株式会社
5	額田蒸溜所	木内酒造合資会社
6	ガイアフロー静岡蒸溜所	ガイアフロー株式会社
7	マルス信州蒸溜所	本坊酒造株式会社
8	三郎丸蒸留所	若鶴酒造株式会社

■ 参考文献

全国地ビール醸造者協議会：「クラフトビール」（地ビール）とは
http://www.beer.gr.jp/local_beer/

READYFOR株式会社：クラウドファンディングとは
https://readyfor.jp/crowdfunding/

HACCP認証協会：HACCPとは？
https://www.th-haccp.com/haccp/

ジャパニーズ・ウイスキーで世界に挑む

新世代蒸留所からの挑戦状

2019年10月25日　第1刷発行

著者　すわべ しんいち
フォトグラファー　すわべ しんいち
イラスト　いとう 良一

編集人　江川 淳子、諏訪部 伸一、野呂 志帆
発行人　諏訪部 貴伸
発行所　repicbook（リピックブック）株式会社
〒353-0004　埼玉県志木市本町5-11-8
TEL　048-476-1877
FAX　03-6740-6022
https://repicbook.com
印刷・製本　株式会社シナノパブリッシングプレス

　ISBN978-4-908154-20-1